国家林业和草原局普通高等教育"十三五"规划教材
浙江省普通高校"十三五"新形态教材
天目山大学生野外实践教育基地联盟系列教材

天目山
生态学野外实习指导
ECOLOGY FIELD PRATICE GUIDANCE IN TIANMU MOUNTAIN

伊力塔 俞飞 豪树奇 主编

中国林业出版社
China Forestry Publishing House

内容简介

本书以天目山国家级大学生校外实践教育基地为依托,基于生态学野外实习教学需求,在总结和归纳天目山多年来的生态学研究成果及野外教学实践经验基础上编著而成。从生态因子、种群、群落及景观等多个层面出发,以具代表性的研究成果引入基本理论和方法,遴选若干具有较强实践教学意义的综合性野外实习项目进行汇编,意在促使学生在野外实习中充分锻炼其实践创新与综合运用相关知识的能力,扎牢知识根基。本书可作为生态学、林学、生物学以及环境科学等相关专业的本科生、研究生野外实习教材和参考书,也可供相关领域专业技术人员参考使用。

图书在版编目(CIP)数据

天目山生态学野外实习指导/伊力塔,俞飞,豪树奇主编.—北京:中国林业出版社,2021.1

ISBN 978-7-5219-1032-2

Ⅰ.①天… Ⅱ.①伊… ②俞… ③豪… Ⅲ.①天目山-森林生态学-教育实习-高等学校-教学参考资料 Ⅳ.①S718.5

中国版本图书馆 CIP 数据核字(2021)第 024822 号

中国林业出版社教育分社

策划编辑: 肖基浒　　　　　　　　　**责任编辑:** 丰　帆　肖基浒

电　话: (010)83143555　83143558　　**传　真:** (010)83143516

出版发行	中国林业出版社(100009　北京市西城区刘海胡同7号) E-mail:jiaocaipublic@163.com　电话:(010)83143500 http://www.forestry.gov.cn/lycb.html
印　刷	北京中科印刷有限公司
版　次	2021年1月第1版
印　次	2021年1月第1次印刷
开　本	787mm×1092mm　1/16
印　张	12
字　数	285千字
定　价	39.00元

未经许可,不得以任何方式复制或抄袭本书之部分或全部内容。

天目山大学生野外实践教育基地联盟系列教材编委会

主　任：沈月琴

副主任：王正加　伊力塔　黄坚钦　俞志飞

委　员：（按姓氏笔画排列）

　　　　王　彬　　王正加　　代向阳　　伊力塔
　　　　杨淑贞　　吴　鹏　　沈月琴　　金水虎
　　　　周红伟　　赵明水　　俞志飞　　高　欣
　　　　郭建忠　　黄有军　　黄坚钦　　黄俊浩

秘　书：庞春梅　胡恒康

《天目山生态学野外实习指导》
编写人员

主　　编：伊力塔　俞　飞　豪树奇

副 主 编：庞春梅　陈康民　刘美华

编写人员：（按姓氏笔画排序）
　　　　　伊力塔（浙江农林大学）
　　　　　刘美华（浙江农林大学）
　　　　　吴初平（浙江省林业科学研究院）
　　　　　宋　琦（杭州万向职业技术学院）
　　　　　张　超（浙江农林大学园林设计院有限公司）
　　　　　陈　健（浙江农林大学）
　　　　　陈康民（杭州市临安区农业农村局）
　　　　　庞春梅（浙江天目山国家级自然保护区管理局）
　　　　　郑　宇（国家林业和草原局华东调查规划设计院）
　　　　　俞　飞（浙江农林大学）
　　　　　葛之葳（南京林业大学）
　　　　　詹小豪（浙江农林大学）
　　　　　豪树奇（中国计量大学）

序

在高等教育教学中，实习作为一个十分重要的教学环节，可以使学生从感性的角度进一步熟悉所学专业知识和技能，从而进一步理解、巩固与深化从课堂上和教材里学到的理论和方法，完成从"学"到"习"的完整过程，推动知识向能力的转化。

农林类学科或专业，大都具有较强的实践性特征。如果在学习阶段，相关课程都能有其对应的实习教材作为指导，一定能够大幅提高课程学习的成效。但又因各院校具体实习条件的差异，以及农林类学科的研究对象本身在时间、空间、环境的多维属性，加之相关材料、实例的搜集整理难度大，就更加难以形成共性很强的经验和指南，也导致了实习教材的编写难度比其他教材更大，编好更难。

位于天目山国家级自然保护区内的浙江农林大学实践教学基地，以天目山独有的、极其丰富的、享誉海内外的野生动植物资源禀赋，在浙江农林大学60余年的办学进程中，既为学校人才培养和科学研究发挥了巨大的作用，也同时为整个华东地区乃至全国相关院校和科研机构开展教学科研提供了十分有力的支持，被相关部门列为国家级大学生校外实践教育基地，是全国普通高等院校实习基地建设的典范。

近年来，浙江农林大学坚持开放办学理念，学校和相关学科发展迅速，成为全国农林类院校高速高质发展的优秀代表。2019年，浙江农林大学依托天目山实践教育基地，成立了由国内近40所院校组成的天目山大学生野外实践教育基地联盟，并将他们60余年的宝贵教学实习资料进行细致整理，组织专门力量编写出版了这套"天目山大学生野外实践教育基地联盟系列教材"，为相关院校的专业课程实习提供了从理论到实践的完整解决方案，难能可贵，值得称赞。

这套系列教材的编撰，集结了国内多所优秀高校及科研院所的骨干力量，凝聚了多个专业领域科研工作者的努力和心血，无论是作为天目山国家级自然保护区开展实践，还是用以指导在其他地区开展相关实践教学都能够有较好的指导和借鉴作用，相信能够很好地促进相关高校大学生野外实习教学质量的提升。

这套系列教材的出版，不仅在一定程度上解决了相关学科领域教学实践上的迫切需求，也很好地呼应了国家对"新农科"建设的新愿景，充分体现了浙江农林大学对"新农科"人才培养的重视和涉农涉林涉草高校和科研院所在"新农科"建设和人才培养中的责任和担当，为其他相关院校的实习基地和实习教材建设提供了很好的范式。

中国工程院院士

前　言

天目山国家级自然保护区依托浙江农林大学教学科研平台优势于2013年成功获批国家级大学生校外实践教育基地。2019年，由浙江农林大学和浙江天目山国家级自然保护区管理局牵头，浙江农林大学与浙江大学、南京大学、复旦大学、华东师范大学共同发起成立了天目山大学生野外实践教育基地联盟，此联盟主要致力于建立完善的野外实践教育基地人才培养体系，服务高校创新创业人才培养，打造一流实习基地品牌，截至目前已吸引40余所高校加盟。

生态学野外实习是生态学理论与实践结合的重要一环，对于专业学生深入学习了解和认知生态学诸多重要和基础的理论有重要作用，也是激发学生探索发现能力和实践创新能力的一项重要安排。天目山地处浙皖交界，地形复杂、气候温和、雨水充沛，形成了多变的区域性小气候和多样的森林类型，植物区系古老，成分复杂，拥有保存较为完整的中亚热带原始森林，大量珍稀濒危野生动植物栖息其中，生物多样性丰富，是森林生态学等课程野外实习的理想场所。

基于生态学教学需求和天目山独特的自然生态环境条件，我们在多年野外实践教学积累下来的经验基础上，结合已有的研究成果及参考诸多国内外优秀的野外实践指导教材编写了《天目山生态学野外实习指导》，此书作为国家林业和草原局普通高等教育"十三五"规划教材以及浙江省普通高校"十三五"新形态教材，为深入贯彻习近平总书记给全国涉农高校书记校长和专家代表重要回信精神和全面推进"新农科"建设，切实提升人才培养质量，致力于为联盟成员单位及其他高校师生在天目山开展生态学野外教学实习提供指导和借鉴。

虽做了一定努力，但限于作者水平和生态学的持续动态发展，书中若存在错漏和不妥之处，恳请广大同行及师生批评指正。

编　者
于浙江农林大学
2021 年 1 月

目 录

序
前 言

第1章 天目山国家级自然保护区概况 (1)
1.1 区位条件和历史沿革 (1)
1.2 自然地理条件 (2)
    1.2.1 地貌地形 (2)
    1.2.2 土壤 (2)
    1.2.3 气候 (2)
    1.2.4 水文 (3)
    1.2.5 生物资源 (3)
    1.2.6 森林资源 (4)
1.3 社会经济条件 (7)

第2章 实习目的、要求与准备 (9)
2.1 实习目的 (9)
2.2 实习要求 (9)
2.3 准备事项 (10)
2.4 注意事项 (10)

第3章 生态学野外调查研究方法 (12)
3.1 主要研究方法 (12)
    3.1.1 原位观测研究 (12)
    3.1.2 室内受控实验研究 (13)
    3.1.3 综合研究 (13)
3.2 主要取样技术 (13)
    3.2.1 取样的一般原则 (13)
    3.2.2 取样单位 (14)
    3.2.3 取样技术设计 (14)
3.3 生态学调查研究的基本内容 (17)
    3.3.1 生物资源调查 (17)
    3.3.2 物种普查 (18)

目录

　　3.3.3　种群调查 (18)
　　3.3.4　群落调查 (18)
　　3.3.5　植被调查 (18)
　　3.3.6　生态系统调查 (18)

第4章　光照、温度因子的测定 (20)
4.1　光因子 (20)
　　4.1.1　光照强度对植物形态的影响 (20)
　　4.1.2　森林群落中光照强度的测定方法 (21)
　　4.1.3　光质对植物生长的影响 (22)
4.2　温度因子 (22)
　　4.2.1　温度对植物生长的影响 (22)
　　4.2.2　森林对小气候温度的影响 (23)
实验1　森林群落内光照和温湿度的测定 (23)
案例1　天目山柳杉树干液流动态及其与环境因子的关系 (25)

第5章　森林土壤调查和测定 (31)
5.1　土壤取样方法及常规理化指标的测定 (31)
　　5.1.1　土壤的物理性质 (31)
　　5.1.2　土壤的化学性质 (32)
5.2　土壤剖面调查 (33)
　　5.2.1　剖面的挖掘 (33)
　　5.2.2　土壤剖面的观察与记载 (33)
5.3　土壤微生物测定 (38)
　　5.3.1　土壤样品的采集 (39)
　　5.3.2　土壤微生物的分离与计数 (39)
5.4　树木根系测定 (40)
　　5.4.1　挖掘法 (41)
　　5.4.2　整段标本法 (42)
实验2　土壤理化性质调查及分析 (42)
案例2　天目山常绿阔叶林土壤养分的空间异质性 (44)

第6章　森林水文过程的调查 (51)
6.1　森林水文过程 (51)
6.2　森林水文过程观测主要内容 (52)
　　6.2.1　样地设置 (52)
　　6.2.2　监测项目与方法 (52)
实验3　枯枝落叶持水性调查 (56)
案例3　天目山森林土壤的水文生态效应 (57)

第7章 植物种群生态学调查 (64)

7.1 植物种群空间分布格局 (64)
7.1.1 种群空间分布格局类型 (64)
7.1.2 种群空间分布格局研究方法 (64)
7.2 植物种群年龄结构与动态 (65)
7.3 植物种群静态生命表的编制 (66)
实验4 天目山柳杉种群年龄结构调查 (67)
实验5 天目山柳杉种群的空间分布格局调查 (69)
案例4 天目山常绿落叶阔叶林优势种群空间分布格局 (71)

第8章 植物群落生态学调查 (80)

8.1 群落的物种组成 (80)
8.1.1 群落调查样方面积的确定 (81)
8.1.2 群落数量特征的样方调查法 (81)
8.1.3 群落的命名 (82)
8.2 群落的结构与动态 (82)
8.2.1 群落生活型谱分析 (83)
8.2.2 群落动态的分层频度调查 (84)
8.3 群落物种多样性分析 (86)
8.3.1 α 多样性指数 (86)
8.3.2 β 多样性指数 (87)
8.4 植物群落相似性测定 (88)
8.5 群落种间关联分析 (89)
实验6 天目山森林群落生物多样性调查 (90)
实验7 天目山森林群落相似性调查 (91)
实验8 森林群落种间关联调查分析 (93)
案例5 天目山柳杉群落结构及其更新类型 (95)
案例6 天目山金钱松群落特征及其物种多样性研究 (101)
案例7 天目山常绿落叶阔叶混交林优势种生物量变化及群落演替特征 (107)

第9章 森林景观生态学调查 (119)

9.1 景观野外调查与观测 (119)
9.2 景观格局 (120)
9.2.1 斑块 (120)
9.2.2 廊道 (121)
9.2.3 基质 (121)
9.3 景观格局指数 (122)
9.4 景观动态分析 (125)
9.4.1 土地利用与土地覆被变化分析 (125)
9.4.2 景观模型 (125)

实验 9　森林生态系统净初级生产力分析 ……………………………………（131）
案例 8　天目山国家级自然保护区森林景观格局分析 ………………………（132）
案例 9　天目山林区土地利用和景观格局时空变化及驱动因素分析 ………（137）
第 10 章　课程综合实习部分 …………………………………………………………（147）
　　实习 1　生态恢复与生态工程设计(8 天) ……………………………………（147）
　　实习 2　林业生态工程规划设计(8 天) ………………………………………（148）
　　实习 3　水土流失综合调查(2 天) ……………………………………………（150）
参考文献 …………………………………………………………………………………（151）
附　录 ……………………………………………………………………………………（155）
　　附录一　天目山生态学野外实习注意事项 …………………………………（155）
　　附录二　天目山生态学野外实习安全责任书 ………………………………（156）
　　附录三　天目山常见苔藓植物、蕨类植物名录 ……………………………（157）
　　附录四　天目山常见裸子植物、被子植物名录 ……………………………（159）
　　附录五　常用景观格局指数汇总表 …………………………………………（175）
　　附录六　《天目山大学生野外实践教育基地》联盟章程 …………………（177）

教材数字资源使用说明

PC 端使用方法：
步骤一：扫描教材封二"数字资源激活码"获取数字资源授权码；
步骤二：注册/登录小途教育平台：https://edu.cfph.net；
步骤三：在"课程"中搜索教材名称，打开对应教材，点击"激活"，输入激活码即可阅读。

手机端使用方法：
步骤一：扫描教材封二"数字资源激活码"获取数字资源授权码；
步骤二：扫描下方的数字资源二维码，进入小途"注册/登录"界面进行登陆或注册；
步骤三：在"未获取授权"界面点击"获取授权"，输入授权码以激活课程；
步骤四：激活成功后跳转至数字资源界面即可进行阅读。

课程资源二维码

第 1 章　天目山国家级自然保护区概况

天目山国家级自然保护区地形复杂、气候温和、雨水充沛,形成了多变的天目山气候和多样的森林类型,并且具有保存较为完整的中亚热带原始森林,是森林生态等课程实习的理想场所,本章主要介绍天目山国家级自然保护区的自然条件和经济状况。

1.1　区位条件和历史沿革

天目山在行政区划上隶属于浙江省杭州市临安区天目山镇,地处浙江和安徽两省交界处,坐标 119°23′47″~119°28′27″E,30°18′30″~30°24′55″N(图 1-1),距杭州 94 km,与上海、苏州、南京、宁波等城市直线距离均为 80~200 km。交通体系较为完备,从浙江杭州、江苏、上海、安徽等地到天目山都有便捷的交通。

天目山国家级自然保护区是区域内的生态、经济和文化主体,拥有丰富的自然资源和历史文化积淀。保护区内的主峰仙人顶海拔 1506 m,与东天目山相对,两峰之巅各有一池泉水,池水常年不枯,犹如一双天眼,天目山之名因此而来。天目山古称"浮玉""天眼",天目之名始于汉,显于梁、宋、元、明、清时名声大盛,为历代宗教名山,西汉道教大宗张道陵出生于此。自汉以来,僧侣们相继在此择地建寺。由于历代僧侣的巡山护林,保存了天目山原生性的森林植被。但 20 世纪三四十年代,由于战事纷繁,部分森林遭到破坏。

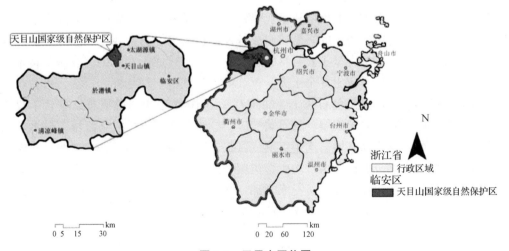

图 1-1　天目山区位图

为保护东、西天目山的天然森林，1929年中华民国政府在东天目山设立了省立第一林场第一分场，1934年设立了浙江省建设厅天目山风景名胜管理处，1936年在西天目山留西门新辟苗圃，并配有森林警察。中华人民共和国成立后，政府对天目山的保护和建设给予了高度重视。1949年曾派解放军保护天目山森林；1953年建立天目山林场；1956年根据全国人大代表的建议，将天目山划为全国最早的森林禁伐区之一；1960年成立天目山管理委员会；1963年将天目山划归天目林学院作为试验林场；1977年重归临安县管理，恢复天目山自然保护区和国营天目山林场；1986年经国务院批准，成为全国首批国家级自然保护区之一；1988年设立浙江天目山国家级自然保护区管理局；1994年经林业部同意将保护区面积由原来的1018 hm²扩大到4284 hm²；1996年经联合国教科文组织批准成为国际人与生物圈保护区(MAB)网络成员。

1.2 自然地理条件

1.2.1 地貌地形

天目山在区域地质上位于扬子准地台南缘钱塘凹陷褶皱带。下古生界连续接受巨厚(11 000 m)的硅质—碳酸质—砂泥质复理式建造，奥陶纪末，褶皱断裂隆起成陆。岩石种类众多，主要有流纹岩、流纹斑岩、溶结凝灰岩、晶屑溶结凝灰岩、霏细斑岩、沉凝灰岩、脉岩等。区域内地形西北高，东部低，自西北、西南向东倾斜。天目山地形变化复杂，地表结构以中山—深谷、丘陵—宽谷及小型山间盆地为特色。海拔1000 m以上的山峰较多，河谷深切700~1000 m，峭壁突生，怪石林立，峡谷众多。山势自西南向东北逐渐降低。山体南、北西侧属典型丘陵地形，山丘浑圆，坡度和缓，宽谷与山间小盆地错列其间。

1.2.2 土壤

天目山国家级自然保护区的土壤属于亚热带红黄壤类型，随着海拔的升高逐渐向湿润的温带型过渡。活性腐殖酸为主的腐殖质组成各种性状均较好的森林土壤，对维护森林生态系统具有重要作用。土壤类型主要有富铝土、淋溶土和岩成土3个纲，红壤、黄壤、棕黄壤和红色、黑色、幼年石灰土6个土类，黄红壤、乌红壤、幼红壤、黄壤、乌黄壤、幼黄壤、棕黄壤和淋溶红色、黑色石灰土、幼年石灰土10个亚类。硅质黄红壤、千枚黄红壤、砂页岩黄红壤、凝灰岩黄红壤、长石黄红壤、硅质乌红壤、千枚乌红壤、砂页岩乌红壤、凝灰岩幼红壤、石质幼红壤、次生黄壤、凝灰岩乌黄壤、霏细斑岩乌黄壤、次生乌黄壤、粗骨幼黄壤、霏细斑岩棕黄壤、次生棕黄壤、淋溶红色石灰土、黑色石灰土、幼年石灰土20个土属。海拔1200 m以上为棕黄壤带，海拔1200 m以下为黄红壤带。黄红壤带又分两带，海拔600~1200 m为黄壤带，海拔600~800 m以下为红壤带。

1.2.3 气候

天目山所处区域属中亚热带季风气候区，具有中亚热带向北亚热带过渡的气候特征，并受海洋暖湿气候的影响较深，森林植被茂盛，高山深谷地形复杂，形成季风强盛、四季分明、气候温和、雨水充沛、光照适宜、复杂多变多类型的森林生态气候。区域内自山麓（禅源寺）至山顶（仙人顶），年平均气温 8.8~14.8℃；最冷月平均气温-2.6~3.4℃；极端最低气温-20.6~-13.1℃；最热月平均气温 19.9~28.1℃，极端最高气温 29.1~38.2℃；≥10℃积温 2500~5100℃；无霜期 209~235 d；年雨日 159.2~183.1 d；年雾日 64.1~255.3 d；年降水量 1390~1870 mm；相对湿度 76%~81%。天目山是浙江省最大的积雪地区，平均初雪期 12 月 20 日，平均终雪期 3 月 13 日。降雪日数为 84~151.7 d，积雪日数为 30.1~117.4 d，降积雪日数与海拔高度呈正比，其中仙人顶积雪日数占全年的 1/3~2/5。天目山国家级自然保护区的气候，根据其气候分布规律和森林植被垂直带谱、地形、自然地理等的差异程度，以≥10℃积温为主导指标，可划分为丘陵温和层（海拔 200~500 m）、山地温凉层（海拔 500~800 m）、山地温冷层（海拔 800~1200 m）、山地温寒层（海拔 1200~1500 m）4 个森林生态垂直气候层。

1.2.4 水文

天目山区域水系属钱塘江流域，天目山山势高峻，是长江和钱塘江的分水岭。西天目山南坡诸水汇合为天目溪，东南流经桐庐注入钱塘江。保护区内有东关溪、西关溪、双清溪、正清溪、天目溪等溪流。

东关溪：发源于与安吉县交界的桐坑岗，经东关、后院、钟家至白鹤。全长约 19 km。以流经东关而得名，为天目溪主源。

西关溪：在西天目山之东麓，有两源，西源出安吉县龙王山，东源出临安千亩田，会于大镜坞口经西关，至钟家，入东关溪。全长约 9.5 km，以流经西关而得名。

双清溪：在西天目山南麓，发源于仙人顶，合元通、清凉、悟真、流霞、昭明、堆玉六涧之水，经禅源寺，出蟠龙桥，经大有村、月亮桥至白鹤村，入天目溪，全长 11.5 km。因禅源寺昔称双清庄而得名。

正清溪：在西天目山西麓，源出石鸡塘，经老庵、武山、吴家等村，在大有村汇入双清溪。全长约 10.5 km。

天目溪：合东关、西关及双清、正清四源之水于白鹤村，经绍鲁、於潜、堰口、塔山，于紫水和昌化溪汇合。自后渚桥以下，开阔处 160 m，狭处 148 m。临安区内主流长 56.8 km，流域面积 788.3 km^2。

1.2.5 生物资源

天目山地带性植被为亚热带常绿阔叶林，森林植被资源十分丰富。保护区内共有高等植物 246 科 974 属 2160 种，其中：濒危珍稀的野生植物 18 种（国家一级保护植物 3 种，国家二级保护植物 15 种）；种子植物中中国特有属 25 个，天目山特有种 24 个，85 个植物模式标本；药用植物 1120 种；蜜源植物 800 余种；野生园林观赏植物 650 多种；纤维植物 160 多种；油料植物 190 多种；淀粉及糖类植物 120 多种；芳香油植物 160 多种；栲胶（鞣料）植物 140 多种；野生果树植物 90 多种；天目山国家级自然保护区主要森林植被以"高、大、古、稀、多"称绝，胸径 50 cm 以上的有 5511 株，100 cm 以上的有 554 株，200 cm 以上的有 12 株，平均高约40 m，立木蓄积量达20 000 m³。树龄多在300年以上，最老的已达1500年以上。

天目山国家级自然保护区在中国动物地理区划上，属于东洋界中印亚界华中区的东部丘陵平原亚区。由于地理位置特殊，自然环境优越，历史上人为活动相对较少，给野生动物生存及栖息创造了较为良好的条件，许多动物得以保存，天目山国家级自然保护区内野生动物资源十分丰富。据不完全统计，天目山国家级自然保护区内共有各种野生动物68目506科5024种，其中：兽类72种，隶属于8目22科；鸟类175种，隶属于15目40科；两栖类22种，隶属于2目8科；爬行类55种，隶属于3目12科；鱼类55种，隶属于6目13科；昆虫类4467种，隶属于33目380科；蜘蛛类178种，隶属于1目31科；国家重点保护野生动物47种，其中国家一级重点保护野生动物5种，二级重点保护野生动物42种，浙江省重点保护野生动物45种。

昆虫多样性

1.2.6 森林资源

据天目山国家级自然保护区最新森林资源二类调查结果（表1-1），保护区的森林覆盖率为98.1%。林地面积按其经营类型体系可分为生态公益林地和商品林地2类：全区生态公益林面积4151.0 hm²，占全区林地总面积的97.4%，均为国家级重点生态公益林；商品林地面积110.1 hm²，占林地总面积的2.6%。

表1-1　天目山国家级自然保护区最新森林资源二类调查结果

土地总面积(hm²)	用地类型	面积(hm²)（占上级比重）	林业用地类型	面积(hm²)（占上级比重）	有林地类型	面积(hm²)（占上级比重）	乔木林类型	面积(hm²)（占上级比重）
4284.0	林业用地	4261.1 (99.5%)	有林地	4186.2 (98.2%)	乔木林	3711.3 (88.7%)	纯林	2741.8 (73.9%)
							混合林	696.5 (26.1%)
					竹林	474.8 (11.3%)	—	—
			灌木林地	53.9 (1.3%)				
			未成林地	10.3 (0.2%)				
			苗圃地	7.5 (0.2%)				
			辅助生产用地	3.3 (0.1%)				
	非林业用地	22.9 (0.5%)	—	—	—	—	—	—

本保护区地处中亚热带的北缘，区内地势较为陡峭，海拔上升快，气候差异大，植被的分布有着明显的垂直界限，在不同海拔地带上有其特殊的植物群落和物种。区内植物资源丰富，区系复杂，组成的植被类型比较多，依据植物群落的种类组成、外貌结构和生态地理分布，森林植被类型可分为8个植被型和30个群系组（图1-2）。自山脚至山顶依次为：常绿阔叶林、常绿落叶阔叶混交林、落叶阔叶林、落叶矮林，另外还有针叶林、竹林，主要以混交林为主，常绿、落叶阔叶混交林是主要植被。

天目山国家级自然保护区植被分布图

（1）常绿阔叶林

常绿阔叶林是本区的地带性植被，常绿阔叶林主要分布于海拔200 m以下，沟谷地段

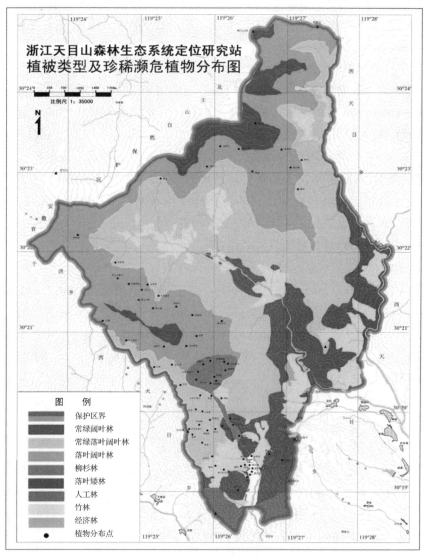

图1-2 天目山国家级自然保护区植被分布图

可达海拔 870 m 左右,且海拔 400 m 以下占绝对优势。主要有青冈(*Cyclobalanopsis glauca*)、苦槠(*Castanopsis sclerophylla*)、甜槠(*Castanopsis eyrei*)、木荷(*Schima superba*)、细叶青冈(*Cyclobalanopsis gracilis*)、紫楠(*Phoebe sheareri*)、小叶青冈(*Cyclobalanopsis myrsinifolia*)、交让木(*Daphniphyllum macropodum*)、柯(*Lithocarpus glaber*)8 个群系组。青冈、苦槠林在象鼻山东南坡海拔 200 m 处有成片分布。青冈、甜槠林则分布在象鼻山海拔 300 m 左右,其中掺杂石楠(*Photinia serratifolia*)等林木。青冈、木荷林在象鼻山南坡山脊海拔 270 m 处有分布,同时分布着刺柏(*Juniperus formosana*)、冬青(*Ilex chinensis*)、豹皮樟(*Litsea coreana* var. *sinensis*)等。西天目山南坡海拔 600~800 m 处沟谷地段有大面积紫楠林分布,同时还分布有榧树(*Torreya grandis*)、天竺桂(*Cinnamomum japonicum*)、小叶青冈、毛竹(*Phyllostachys edulis*)、枫香(*Liquidambar formosana*)等。青冈、小叶青冈林分布在海拔 800 m 左右的七里亭,青冈高达 25 m,属上层乔木,小叶青冈次之,另外还有交让木、天目木姜子(*Litsea auriculata*)等树种。

(2) 常绿、落叶阔叶混交林

常绿、落叶阔叶混交林是本区的主要植被,也是精华部分。集中分布在低海拔的禅源寺周围和海拔 850~1100 m 的地段。植物种类丰富,群落结构复杂、多样,且多呈复层林相:第一层林木高达 30 m 以上,主要有金钱松(*Pseudolarix amabilis*)、柳杉(*Cryptomeria japonica* var. *sinensis*)、香果树(*Emmenopterys henryi*)、天目木姜子、黄山松(*Pinus taiwanensis*)等;第二层林木高 20 m 以上;第三层林木高 15 m 左右;第四层林木高 8~10 m;第五层林木高 8 m 以下;此外还有灌木层。主要群系组有浙江楠(*Phoebe chekiangensis*)、细叶青冈、麻栎(*Quercus acutissima*)、苦槠、蓝果树(*Nyssa sinensis*)、小叶青冈、天目木姜子、交让木、香果树、枹栎(*Quercus Serrata*)等。

(3) 落叶阔叶林

主要分布于海拔 1100~1380 m 处。林木萌生,主干粗短,多分叉,树高一般在 10~15 m。主要群系组有白栎(*Quercus fabri*)、锥栗(*Castanea henryi*)、茅栗(*Castanea seguinii*)、灯台树(*Cornus controversa*)、四照花(*Cornus kousa* subsp. *chinensis*)、榛(*Corylus heterophylla*)、枹栎、领春木(*Euptelea pleiosperma*)8 个群系组。茅栗、灯台树林分布在阳坡海拔 1300 m 左右处,间有枹栎、天目槭(*Acer sinopurpurascens*)、四照花等。四照花、榛林主要分布在海拔 1350 m 左右的地段上,间有枹栎、鸡爪槭(*Acer palmatum*)和椴树(*Tilia tuan*)等。

(4) 落叶矮林

落叶矮林分布于西天目山近山顶地段,地处海拔 1380 m 以上。因海拔高、气温低、风力大、雾霜多等因素,使原来的乔木树种树干弯曲,呈低矮丛生。主要有鸡树条(*Viburnum opulus* var. *calvescens*)、野海棠(*Bredia hirsuta* var. *scandens*)、三桠乌药(*Lindera obtusiloba*)、四照花 4 个群系组。鸡树条、野海棠群系组分布在仙人顶西侧海拔 1450 m 处,间有中国绣球(*Hydrangea chinensis*)、华空木(*Stephanandra chinensis*)和荚蒾属植物等。三桠乌药、四照花群系组分布在仙人顶西侧 1500 m,间有箬竹(*Indocalamus tessellatus*)、华东野胡桃(*Juglans mandshurica* var. *formosana*)等。

(5) 竹林

竹林有3个群系组。毛竹林主要分布在海拔350~900 m处，常与苦槠、青冈、榉树(*Zelkova serrata*)、枫香等混生；箬竹林主要分布在海拔1200~1500 m的山坡，大多与落叶阔叶树混生，石竹(*Dianthus chinensis*)、水竹(*Phyllostachys heteroclada*)林，西关分布较多。天目山毛竹种群所处群落层次现象明显，可以分为乔木层、灌木层和草本层，地被层不发达。毛竹林主要分布在东坞坪、后山门、青龙山、太子庵、荆门庵一带。

(6) 针叶林

针叶林在西天目山占有极其重要的地位，构成壮观的林海，是西天目山的特色植被。主要有柳杉、金钱松、马尾松(*Pinus massoniana*)、黄山松、杉木(*Cunninghamia lanceolata*)、柏木(*Cupressus funebris*)6个群系组。巨柳杉群落是西天目山最具特色的植被，树高林密，从禅源寺(海拔350 m)到老殿(海拔1100 m)呈行道树式分列道路两旁。西天目山的金钱松长得特别高大，居百树之冠，有"冲天树"之称，其松散分布于海拔400~1100 m地段的阔叶林中，最高一株达58 m，其中胸径50 cm以上的有307株。

1.3 社会经济条件

天目山国家级自然保护区所在的杭州市临安区历史悠久，西汉时设县建制，现辖5个街道13个乡镇298个行政村，有户籍人口约53.95万人，土地面积3126.8 km^2。临安是首批全国生态建设示范市，拥有"国家级生态市""中国优秀旅游城市""中国山核桃之乡""中国竹子之乡"等称号，多次跻身"全国农村综合实力百强县(市)"行列，是全国第一批生态文明建设示范区。2019年全年实现地区生产总值572.94亿元，按可比价格计算，比上年增长8%；城镇常住居民人均可支配收入增长8.0%，农村常住居民人均可支配收入增长8.9%，人均GDP达到106 389元人民币，财政总收入101.93亿元人民币，同比增长15.2%，实现了城乡居民收入与经济同步增长、社会事业进步与发展水平同步提高。临安山清水秀、风光迷人，森林覆盖率达81.97%。境内有天目山和清凉峰两处国家级自然保护区，还有青山湖国家级森林公园、大明山省级风景名胜区等数十处名胜景点。

天目山所属的天目山镇由原临安市藻溪镇和西天目乡于2011年合并而成，该镇东依玲珑街道和太湖源镇，南界富阳区，西接於潜镇，北邻安吉县，是钱塘江水系之一天目溪的发源地，山清水秀。辖区面积241.8 km^2，耕地面积25 433亩，林地面积250 663亩，水域面积933亩，行政村23个，人口34 030人。2017年农业总产值7.25亿元，工业销售产值41.72亿元，服务业增加值6.15亿元，全社会消费品零售总额5.16亿元，全镇农民人均纯收入达到28 851元。

竹笋、茶叶、粮食是天目山镇的重要农业传统产业，其中竹笋及竹笋产品是最主要农产品，全镇共有竹笋种植面积逾6.7万亩，是村民收入的一大来源。近年来山核桃、香榧、杨桐等经济林成为了农业经济新的增长点，种植面积稳中有升，种植范围以东关等高山自然村为主，2011年部分农户山核桃收入已达5万元，杨桐种植面积已达2800亩，香榧也以每年500余株的速度增加。此外，天目药材、天目花卉、天目香薯和天目水果等特色农业项目也在不断推进。

依托良好的区位条件、旅游资源和农业基础，天目山镇以农、林、渔业休闲观光为主的"大农业"休闲旅游产业的发展也十分迅猛，2014年全镇共有200多家"农家乐"经营户，主要集中在天目山国家级自然保护区周边的天目、武山、月亮桥等村。2017年全年农家乐接待游客量76万人次，经济效益逾7350万元。天目山等四大景区接待游客量69.6万人次。全镇拥有杭州市级民宿示范村1个、示范点2家，区级精品民宿7家。天目山小镇、上尤坞休闲度假旅游等一批生态休闲类项目的建设进度，旅游产业指导方针为以天目山国家级自然保护区为核心进行全域旅游建设。

在美丽乡村建设方面，天目山镇根据《临安市城市总体规划（2002—2020）》及《临安市国民经济和社会发展第十三个五年规划纲要》，依托乡土人文、产业特色和交通优势，至2017年已打造美丽农业基地5个、村落景区4个、精品庭院48个，精品庭院环线4条，接待各类参观考察人员3000余人次。同时开展了"美丽公路"建设，对连通区域内外的102省道、甘射线、藻天线等主要道路进行了拓宽、连通和维护，以促进全域景区化建设。同时逐步推进了退竹还林、退竹还阔工程，对道路沿线进行林相改造，实施彩色珍贵树种造林和森林抚育，提升生态景观。

第 2 章　实习目的、要求与准备

由于森林生态学实习主要在野外进行，明确的实习目的和要求，充分的实习前准备对于取得实习效果、保证安全非常重要，因此本章单独对实习目的和准备进行阐述。

2.1　实习目的

野外实习是森林生态学教学的必要环节，通过在天目山开展的野外考察，使学生能够将课堂中学习的理论知识与实践相结合，形成初步的感性认识；通过实践森林生态学野外实验，使学生掌握和理解理论知识的具体和综合应用，提高生态学及相关专业学科学生的动手和实践作业能力，以及知识的综合运用能力和团队合作能力。具体而言，主要实现如下教学目的：

(1)学生们能够在野外实习中深入观察了解森林典型植被类型、地貌、水文、土壤类型、灾害与环境等，研究生物种群之间、生物群落之间及其与生境的关系，充分认识生物在自然界是由个体、种群、群落到生态系统的集合，了解其生长特征及分布规律。

(2)使学生系统掌握生态学野外调查研究所必须具备的基本知识、方法和技能，具备野外观察、发现问题、分析问题和解决问题的综合能力和独立工作能力。

(3)增强学生对生态学研究对象的感性认识，激发其学习探究自然界的热情，陶冶情操，培养崇尚科学、热爱学习、独立思考、吃苦耐劳的个人品质和团队合作、团结友爱的集体精神。

(4)培养学生热爱自然、保护生态环境的社会责任感。

2.2　实习要求

考虑到集体野外实习机会、时间宝贵，为保证实习顺利完成，对参与生态学野外实习的专业学生作如下要求：

(1)牢记实习安全注意事项，野外活动安全第一。

(2)做好实习前准备工作，包括对实习地点背景的事先了解、野外活动所需个人物品的准备等。

(3)认真对待实习任务，细致观察，勤思考，做好相关内容的文字及图像记录，有疑惑的地方及时向同行师生请教或展开讨论。

(4)学会野外实习调查的基本方法，掌握相关仪器设备的操作使用，并爱护仪器。

(5) 分组活动时注意服从统一安排，处理好团队分工合作关系，确保每个人都能学到东西，切不可单独在野外贸然行动。

(6) 实习任务完成后应及时整理记录，确保顺利完成相关实习报告的撰写。

2.3 准备事项

(1) 成立实习领导小组

由分管教学的院系领导、实习领队和带教老师、后勤老师和学生负责人组成，负责全队的学习、研究、生活和思想工作。领导小组中教师和学生负责人可相应设置多一些，尤其是学生负责人。师资充足、分组规模小有利于老师指导和个别化辅导；学生负责人得力，有利于对学生小组的组织管理。

院系领导小组在实习出发前应进行全体动员讲话，明确领队指导老师和实习学生的准备工作要求，强调实习过程中的纪律守则，尤其要强调安全注意事项。

(2) 具体工作准备

前期踏查，确定实习内容，落实各环节的具体内容；各种记录表格的制作；实习工具与仪器设备、药品、用具的准备与落实；人员分工与任务落实；实习动员与实习相关的技术规范培训；交通、食宿、经费等事项的落实。其中相关实验物资筹备尤其关键，缺少实验物资会直接影响到野外实习相关实验的顺利进行。

表 2-1　生态学野外实习准备物资

类型	具体物资
基础工具	相关背景资料打印件、写字笔、记号笔、实习指导手册、皮尺、卷尺、直尺、标杆、剪刀、解剖刀、镰刀、钳、斧、锹、铲、镊子、毛刷、土壤采集器、绳索、医用手套、记录本、标签纸、绘图工具、报告纸等
仪器设备	温度计、湿度计、照度计、pH 计、测步仪、放大镜、光合作用测定仪等
药品	酒精、甲醛溶液、盐酸、碱溶液、碘、石油醚等有机溶剂、营养液或培养基、样品保护剂、紫药水、生理盐水、抗过敏药物、防暑防虫药物、创可贴、感冒药、胃肠道用药等
劳保工具	防护手套、遮阳帽、运动鞋(登山靴)、雨靴、餐具、水壶、手电筒、洗漱用品、换洗衣物等
其他	个人身份证件(身份证、学生证等)、影音摄录设备(录音笔、智能手机)等

以上所列物资仅作参考，进行野外实习的院系或团队应根据自身实际实习及研究计划准备所需物资材料。统一组织的行程应提早预约好相关车辆，让各实习小组负责人留存司机联系方式以应不备，院系及学生均须在出发前清点确认各自需要携带的物资设备等，确保无误，以免影响路程及实习进行。

2.4 注意事项

(1) 穿着适合野外行动的运动鞋(鞋底不算薄的耐磨鞋)，严禁高跟鞋。下雨天带好雨具。

（2）注意上、下车安全。上车不要抢位子，下车要小心，注意脚下不要踩空。在野外上下车时更要注意过往车辆，以免交通事故发生。

（3）每日外出实习及实习结束返回落脚点前必须清点人数及仪器设备，领队老师、班级负责人、小组负责人之间应互相留存联系方式，小组负责人要留存小组成员联系方式。

（4）野外行路注意安全。各小组成员之间保持联系，如果有成员失散，同小组成员要首先与班长或带队老师取得联系。上下坡应注意踏实稳重，避免打滑摔倒。

（5）实习中要吃苦耐劳，敢于磨炼自己。实践才能出真知，各小组应协调好组内分工，避免少数人做多数活，确保每个人都能学到有用的知识技能。

（6）遵守组织纪律，不得擅自离队（有事要先和班级负责人或领队老师协商），尽量避免在野外单独行动，一切实习活动听从领队人员指挥安排。

（7）交通出行、饮食起居、野外采样等都要以安全为重，不乱吃野果乱喝生水，不酗酒吵闹。

（8）师生、同学之间要团结友爱，互帮互助，互相关心，此外也要注意维护好与保护区内村民、游客及工作人员的关系，礼貌待人。

（9）要爱护科研仪器设备，使用后及时归还，避免影响下一批同学使用。

（10）实习过程中要保持文明礼貌的良好作风，善于利用和建立人际关系，为实习任务的圆满完成铺垫好的环境。

第 3 章　生态学野外调查研究方法

现代生态学研究离不开整体观、系统观和层次观的有效指导。生态系统的内在过程从宏观到微观的不同层次上都是相互联系的。从不同的时空尺度展开研究，有助于我们更深入地揭示自然规律。本章主要介绍森林生态系统研究的主要方法和取样技术。

3.1　主要研究方法

根据研究目的和实际需要，生态学研究方法可以分为原位观测研究、室内受控实验研究和综合研究三类。

3.1.1　原位观测研究

（1）野外调查

野外调查是在特定的种群生存或群落空间范围内，对种群或群落特征与生态环境要素的相互作用关系进行观察记录。一般是通过相应的规范化抽样调查方法进行，如植物种群数量和群落结构调查中的样方法、样圆法等和动物种群调查中的标志取样法、标志重捕法等。有关样地的设置、样方大小、数量和空间配置，都要符合统计学原理，保证抽样数据能反映种群或群落的总体特征。

属于种群水平的野外调查项目一般有：种群数量、种群的空间分布格局、年龄结构、性别比、静态生命特征等。群落水平的调查项目有：群落的物种丰富度、物种组成、生活型谱，群落中植物种群的多度、频度、盖度、物种多样性、种间关联性等。同时要考察影响种群或群落的主要生态环境因子特征，即气候因子、地形因子、土壤因子、人为扰动因子等。

（2）定位观测

当项目可能产生潜在的或长期累积效应时，可考虑选用定位观测。定位观测是在预先设置的长期固定样地上考察特定物种个体、种群或群落结构和功能与生境关系的时空变化规律。应根据监测因子的生态学特点和干扰活动的特点确定监测位置和频次，有代表性地布点。

定位观测所设置的长期固定样地必须能反映所研究的种群或群落及其生境的整体特征。定位观测时限，取决于研究对象和目的，对于短寿命物种可能仅需几天或几个月，对于长寿命物种则可能需要几十年甚至上百年。观测项目主要涉及物种个体、种群或群落结构和功能的时间变化，除了野

定位站

外调查所包括的项目外，还应包括群落物种数量和生物量、生殖率、死亡率、能量流和物质流等结构功能过程的定期观测。对于有些耗时较长的项目，可采用空间代替时间的方法进行观测，例如，通过人为选择一系列具有不同撂荒或恢复时间的群落样地，研究恢复演替过程，在较短时间内获得结果。

浙江天目山森林生态系统定位研究站，设立的主要目的即是为了对天目山生态进行长期定位观测。

(3) 原地实验

原地实验是在自然条件下，根据田间试验设计的原理和方法，采取某些控制措施，研究某个或某些因素变化对种群或群落及其他因素的影响。如田间生物多样性控制实验，研究生物多样性—生态系统功能关系；养分添加实验，研究植物群落物种数量、物种组成、均匀度和物种多样性及土壤理化性质和微生物群落的变化；去除或引进物种的实验，研究种间竞争、捕食、物种丧失或物种入侵的效应；增温、增加 CO_2 浓度等模拟全球变化的原地实验等。原地实验是野外调查和定位观测研究的重要补充，可控性强，不仅有助于阐明某些因素的作用和机制，还可作为设计生态学室内受控实验或仿真实验的参考依据。

3.1.2　室内受控实验研究

室内受控实验是模拟自然生态系统，在完全受控的实验生态系统中研究单因子或多因子各自的作用，以及其可能的相互作用对物种、种群或群落特征乃至生态系统功能的效应。例如，"微宇宙"(microcosm)是在人工气候室或人工水族箱中建立的自然生态系统模拟系统，对温度、光照、水分、土壤、养分、物种组成、物种数量等因子实行完全控制，研究其中一种或几种因子变化对生物个体、种群或模拟群落、生态系统结构及功能等的影响与机制。由于受控实验的条件相对简化，获得的有关数据或结论还需在自然系统中进行验证。

3.1.3　综合研究

综合研究是指对原地观测或受控实验的大量资料和数据进行综合归纳分析，表达各种变量之间存在的相互关系，反映客观生态规律的方法技术。在综合研究中，不论是采用何种数据分析技术(如方差分析、简单的相关和回归分析、多元分析、群落的数值分类和排序及生态建模等)，首先要对大量的观测数据进行规范化处理，如数据类型的转换、数值转换和数据的标准化。因为观测到的众多因素的变量集和各种变量(属性)的类型不同、量纲不一、尺度悬殊。经过规范化处理的数据可用来构建数据矩阵，应用各种统计分析方法进行分析，揭示各因素作用的大小、相关作用关系及效应等。

3.2　主要取样技术

3.2.1　取样的一般原则

取样要有代表性，以尽可能小的误差和少的抽样获得准确的总体特征。在统计学上，总体特征的数值叫参数，而样本对总体参数的估计值叫估计量，当估计量的平均值等于总体参数时,这个估计量叫无偏估计量。但所有的取样调查都存在误差,并可分为取样误差和非取样误差两类,两类构成估计值的总误差。

取样误差的产生是由于样本仅为总体的一部分,样本和总体之间总有或大或小的误差。取样误差可用估计值的标准误(standard error,SE)来度量,其数值越小,取样方法的精度越高。在群落调查中,取样误差除了受取样方法影响外,还与所取样本大小及各取样单位间的变动程度有关。非取样误差的产生原因有样本定位的错误、测定或观察记录中的错误、汇总调查资料时产生的错误等,应尽量避免。

3.2.2 取样单位

根据研究目的不同,一般有两种单位设置方法。如果是研究种群在群落中的分布和种间关系等生态特征,以物种的个体作为取样单位,点取样法、无样地取样法及用小样方测定物种频度的方法都属此类;如果要研究群落的物种数量、种类组成、结构特征和生境特点并进行群落的类型划分,则以群落的一定面积作为取样单位,大多数样方法、样带法都属此类。

3.2.3 取样技术设计

根据研究目的、研究对象和群落类型等方面的不同,通常使用的取样技术类型包括有样地取样和无样地取样两大类。

(1) 有样地取样技术

样地取样技术是选择有代表性的取样单位,或称群落地段或样地进行观测。主要包括确定样地的大小、形状、数量和排列方式等几个指标。

①样地大小 样地大小是指用于调查的取样单位的面积大小。面积过小,不能反映物种或群落的基本特征,失去代表性;面积过大,虽能反映基本特征,但会耗费过多不必要的时间精力。在群落调查时,一般通过巢式样方法绘制物种—面积曲线,确定最小取样面积或样地大小。

②样地形状 样地形状传统上是正方形,故称样方。但为了降低样方的边际效应,在草本植物群落调查时也可采用样圆。矩形样地(或称样带、样条)也广泛采用,以长宽比16:1为佳,只需少量样地就能很好地代表整个群落。有时也采用样线进行取样,记录一定长度的样线接触到的物种。

③样地数量 样地数量过少会影响结果精确度,样地数量过多同样浪费人力和时间。因此,确定适宜的取样数量是取样时会遇到的重要问题。尽管可以用标准误来度量取样误差,但该误差范围并未附以概率保证,它并不能说明1%错误(保证99%正确)或5%错误(保证95%正确)时的误差范围该是多大,因此,仍然是没有意义的。

置信区间(confidence interval,CI)就是以概率的要求来说明样本平均数的误差范围。而置信度的概率 P 可表示为:

$$P(\bar{x}-tS_{\bar{x}}<\bar{X}<\bar{x}+tS_{\bar{x}})=1-\alpha \tag{3-1}$$

式中，$\bar{x}$ 为样本平均值；$\bar{X}$ 为总体平均值；t 为标准误的倍数；$S_{\bar{x}}$ 为样本标准误；α 为允许误差的概率；$1-\alpha$ 为置信度的概率，也称置信系数。α 与 t 之间存在如下关系：

当 $\alpha=0.046$ 时，$t=2$；当 $\alpha=0.010$ 时，$t=2.6$。

当 α 为 5%，则置信系数$(1-\alpha)$ 的 $\bar{x}\pm tS_{\bar{x}}$ 就是样本平均数的置信区间，即误差范围。如果总体符合正态分布，允许误差为 d，且为无放回取样，则取样数为：

$$n=\frac{t^2 S^2}{d^2} \quad (3-2)$$

式中，S^2 为样本总体方差。若要求以 95% 的概率保证其允许误差，则将 $t=2$ 代入上式，得：

$$n=\frac{4S^2}{d^2} \quad (3-3)$$

例如，在一片均匀的草地中调查鼠洞，以 10 m² 为一个样方，先调查 10 个样方，鼠洞数量分别为 7、8、5、6、2、3、5、4、6 和 3，$\bar{x}$ 为 4.9，S^2 为 4.489。设允许误差为 10%，即每样方不超过 0.5 个，$d^2=0.25$，要求 95% 的概率保证其允许误差，则 $t=2$，$n=71.824$，即约需抽取 70 个样方。允许的误差越小，抽样数就越多。

在群落调查时确定取样数还有一个简单的方法，即根据物种数—样方数曲线，以物种数不再明显增加时曲线拐点所对应的样方数量确定取样数，其原理与确定样方大小时的物种—面积曲线相似。

④样地排列　样地排列法可分为代表性样地法、随机取样法、分层随机取样法和系统取样法。

a. 代表性样地法：代表性样地法是一种主观取样法，即通过选出有代表性的群落地段或样地进行观测。样地不应选在地形变化或土壤环境变化较大的非典型地段，尤其不宜设在群落交错区上，除非专门研究群落交错区。因此，在设置样地位置前，必须对群落进行初步观察或踏勘，以了解其总体状况。该方法迅速简便，适于经验比较丰富的人员采用。但其缺点是，取样之后无法知道估计量的准确程度。采用样地取样技术对森林群落进行调查时，对于其中的灌木层和草本植物层，可以采用随机或系统设置若干小样方进行调查，灌木层和草本层的样方面积可分别设为 25 m²(5 m×5 m) 和 1 m²(1 m×1 m)，样方数量 5~10 个。

b. 随机取样法：随机取样法要求从总体中抽取每一个取样单位的概率相等且独立，即总体中每个样本被抽取到的概率相同，完全由随机因素决定。这样的样本称为随机样本，取得随机样本的过程称为随机取样。常用随机数字表进行随机取样。例如，在调查群落的一侧选一点，依此为原点，建立二维平面坐标系，选用两组随机数值分别代表 x 轴和 y 轴，然后从坐标系上决定取样样方的位置。随机取样法的最大优点是其符合统计学要求，可以得到对总体平均值及其方差的无偏估计量，即使取样量不足，也易于补充。其缺点是取样费时，在野外不易实行，特别是在地形复杂、环境异质性较高时，容易形成对总体的不均匀抽样，降低结果的可靠性。

c. 分层随机取样法：分层随机取样法又称分段取样法，在调查样区面积较大时，根据调查对象的分布特性，预先将总体分成几个层（类型），再在各层中随机取样，然后合并成一个取样总体的研究方法。如根据气候、土壤、地形、人为干扰、植被均匀度等进行层次划分。在森林调查时，可以根据树种、树高、密度、树龄、生境条件等作为层次划分的标准。分层取样的优点是节省时间，可以依靠较少的样本获得较大的可靠性，对不重要的层次，可以减少抽样数目。另外，通过估计各个层次的平均值和方差，可得到总体平均值和方差的无偏估计量。缺点是当层的变异过大时，估计量的可靠性计算困难。

d. 系统取样法：系统取样也称规则取样，就是先随机确定一个取样单位的位置，然后每隔一定间距取一个样本，直至达到群落边界为止，最后取得一个网状的取样单位布局。另外，在确定起始取样单位位置后，也可采用五点取样、对角线取样和"Z"字形取样等样地排列形式。由于该方法对取样单位位置的选择是机械和均匀的，省去了随机取样的复杂手续，可以节省部分时间。同时由于样地分布普遍，代表性强，其方差比随机取样小。

（2）无样地取样技术

无样地取样技术也称距离测定法，是美国威斯康星学派创造的主要用于森林群落研究的取样方法。其特点是无需设置固定面积的样地，而是在被研究的群落地段上随机选择若干点，测定该点与植株间的距离，推算种在群落中的数量特征。

无样地取样技术依据的原理是：植株在群落中的数量既可用密度 D 表示，也可用所占的平均面积 m 表示，且 $m=1/D$。因此，有可能用植株间的距离作为测定物种多度的指标。因为植物间的距离等于 $\sqrt{m}$，据此可对平均面积上的密度做出正确估计。

无样地取样技术主要有最近个体法、最近邻体法、随机配对法和中心点四分法 4 种方法（图 3-1）。在采用无样地调查时，一定要注意群落的范围和界限，要避免取样点落在不同群落的范围内，否则混合后无法对群落数据加以分离。以下为这种取样技术的具体方法。

①最近个体法　在调查群落地段内经罗盘确定的线上设置随机取样点，测定从取样点到最近树木个体间的距离，并记录种名、胸径等指标。

②中心点四分法　用最近个体法设置取样点。分别以每个取样点为原点建立直角坐标系，在 4 个象限内各找一株与原点距离最近的个体为取样对象，测量其与原点的距离，并记录其他指标。

③最近邻体法　用最近个体法设置取样点。先找出离取样点最近的个体，再找出一株与该个体最近的树木，测量它们之间的距离，并记录其他指标。

④随机配对法　用最近个体法设置取样点。先找出离取样点最近的个体，从该个体到取样点连成直线，通过取样点再引一线与此连线垂直，建立一个 180°的封闭角，在封闭角的另一侧，找出与已选个体最近的树木，测量它们之间的距离，并记录其他指标。

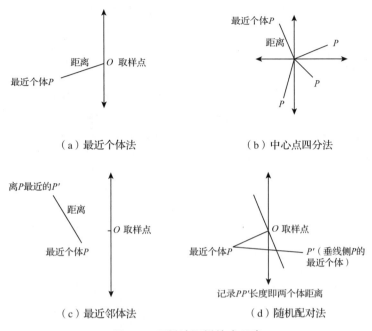

图 3-1 无样地取样技术示意

在采用上述方法时，所需要的取样点数量在不同森林群落类型间存在很大差异。例如，中心点四分法有 40~88 个距离数据(取样点为 10~20 个)即可，而最近个体法则需要 100 个以上的距离数据。如果森林群落中的乔木层还存在垂直分层的情况，可以对各亚层取样。无样地取样技术主要是针对森林群落乔木层的调查，对于其中的灌木层和草本植物层，可以沿测线系统设置若干小样方进行调查，样方面积在灌丛层为 16 m²(4 m×4 m)或 25 m²(5 m×5 m)，在草本层为 1 m²(1 m×1 m)，样方数量为 10~20 个。

3.3 生态学调查研究的基本内容

广义生态学调查包括生物物理环境调查、生态系统特征调查、社会生产调查 3 个方面。其中，生物物理环境调查包括地质环境、地形地貌、水文、气候、土壤和自然灾害等方面的调查；生态系统特征调查包括物种、种群、群落和生态系统调查；社会生产调查包括人口、村落、文化、产业、生活管理与政策、环境污染、人文灾害等方面的调查。而狭义的生态学调查则侧重生态系统特征调查以及对其产生直接影响的物理和人文环境的调查。本书采用狭义的概念。

3.3.1 生物资源调查

生物资源是自然资源的有机组成部分，是生物圈中对人类具有一定价值的动物、植物、微生物以及它们所组成的生物群落。生物资源调查是资源保护、经营和管理的重要组成部分，也与生物资源产业息息相关。发展特色生物资源产业，必须从当地资源特色出发。生物资源调查的目的是要弄清楚某一地区生物资源的种类、分布、种群数量和消长规律等。

3.3.2 物种普查

物种普查包括种数、单个物种规模、生活习性、空间分布、种内关系、多样性、丰富度、相对多度、乡土物种、入侵种、均匀度、濒危状况、灭绝速率及原因、濒危物种保护措施、物种的地理分布及分布区生境、优势种和劣势种等调查。

3.3.3 种群调查

种群调查主要是调查种群的基本特征、数量动态以及调节情况、种内关系、种间关系等。

3.3.4 群落调查

群落调查主要是调查植物群落的建群种、优势种、伴生种、偶见种、密度、多度、盖度、频度、高度、重量、体积、群落外貌、水平结构、垂直结构、时间结构、交错区、边缘区、演替状况、生物多样性、群落稳定性等。

3.3.5 植被调查

植被调查是列举一个地区内所有植被的类型及其分布规律。植被调查的过程有室内的先期作业及野外的调查。室内作业包含地图的判识、野外调查计划的拟订及后勤支持计划的制订等；野外的调查，如预先的勘查作业、取样方法的决定、样区位置的设立、样区的调查及相关环境因子的观测与评估。样区的设置应考虑取样时样区的组成、形状、大小、位置和数目。取样方法主要考虑野外调查所需的精确度、经费与人力的许可程度，以及野外勘查样区在植被代表性、环境梯度上的均质性与所需涵盖植物群落中植物物种的比例。

植被调查的数据经统计分析后，一方面要与相关植被文献作对比，进行植被分类，区分出主要植被类型；一方面进行野外评估与测试植被类型在植被中是否有重现性，以供调查地区植被地图的绘制。植被调查是定性或定量地调查植物群落在环境梯度上的分布，由于植被及其栖息地的资料可作为植物资源调查样点的基本单位，了解并记录植被可供进一步在自然资源的经营或管理决策上作为参考，同时可作为未来植被和植物群落变动的参考依据。

3.3.6 生态系统调查

生态系统在空间上的镶嵌形成的水平特征是景观生态研究和景观生态规划的核心。主要对能流、物流、信息传递、结构状况等进行调查。中国陆地生态系统联网（CERN）观测研究在这方面开展了观测和研究，针对森林、草地、农田、湿地、内陆水体和近海生态系统，研究了生态系统碳收支与碳储量的时空格局、生态系统碳循环的主要生物地球化学过程、生态系统碳循环历史过程，建立了中国碳循环模型，提出了碳源、碳汇格局调控与增汇对策。重点研究了森林植被光合作用和土壤呼吸过程，草地碳循环输入与输出过程，湿地碳元素生物积累与分解、排放过程，农田土壤二氧化碳排放和土壤有机碳平衡过程；针对土地利用主要研究了中国土地利用/土地覆被（LUCC）方式与陆地碳循环的相互作用。在农田生态系统养分循环与全球变化的相互影响方面，主要针对中国东部农田生态系统研究了气候、土壤和施肥因素共同作用下农田养分迁移和转化的规律，特别是温度变化作用下施肥和养分再循环对粮食产量的影响规律。

第4章 光照、温度因子的测定

生态因子和环境因子是两个既有联系又有区别的概念，环境因子则是指生物体外部的全部要素，而生态因子是指环境因子中对生物的生长、发育、生殖、行为和分布有着直接或间接影响的环境要素，如温度、湿度、食物、氧气、二氧化碳和其他相关生物等。生态因子中生物生存所不可缺少的环境条件，称为生物的生存条件。所有生态因子构成生物的生态环境。具体的生物个体和群体生活地段上的生态环境称为生境，其中包括生物本身对环境的影响。本章主要介绍光照和温度这两个生态因子的野外测定方法。

4.1 光因子

4.1.1 光照强度对植物形态的影响

光照强度是指单位面积上所接受可见光的量，简称照度，单位为勒克斯（Lux）。光照强度对植物细胞的增长和分化、体积的增长和质量的增加有重要影响；光还促进组织和器官的分化，制约器官的生长发育速度，使植物各器官和组织保持发育上的正常比例。如果植物长期生长在光照强度不足的条件下，往往在形态上表现为柔嫩、节间长、叶子不发达、侧枝不发育，植物体水分含量、叶绿素含量低等。黄化现象是光与形态建成的各种关系中最极端的典型例子，我们常见到的豆芽即是一个典型的黄化例子。对一些树种苗木的研究表明，光照对幼苗的根系影响较大，庇荫会显著地制约根系发育，光强越低影响越大，以致在弱光环境下，大多数树木幼苗根系都较浅且不发达。

光照强度对植物形态的影响主要有以下表现：

（1）叶形态

叶是植物进行光合作用的主要器官，叶形态明显地受光强度的影响，处在不同光照条件下的叶子，其形态结构往往产生适光变态。阳生叶一般小而厚，叶脉较密，叶绿素较少，角质层变厚，气孔较密；而阴生叶则相反，叶片大而薄，叶脉较疏，叶绿素较多，角质层厚，气孔较稀。

（2）树冠形态

适应低光照条件的耐阴树种着叶时间长，树冠尖且长，枝叶浓密，自然整枝差，叶层较多，而且树冠深层的叶片仍能维持生长。另外，耐阴树种的各层枝条的分布都有利于叶片和叶簇捕获光能，以满足营养叶对光的需求。如很多耐阴树种树冠紧密呈塔形，这要比疏松的圆形或卵形树冠更适宜于在密林下生活。喜光树种枝叶稀疏，冠长较小，在林缘的树木往往侧枝较发达，形成偏冠。

(3)树干形态

对树干形态的观察测定可以选择处于不同密度林分内的个体,或选择林缘、林内的个体作为对照。测定的指标主要包括枝下高、树高、树干分叉高、主干基部与梢头直径。树木如果生长在密度较小的林分内,或处于林缘,或作为孤立木存在,其树干一般尖削度大,枝下高度低,主干分叉高度低,影响出材等级。

4.1.2 森林群落中光照强度的测定方法

测定光照强度有各种型号的照度计和辐射计(图 4-1、图 4-2),其通过计算垂直于太阳光下单位面积(cm^2)单位时间内(min)所获得的总热量(J)来表示光照强度($J·cm^{-2}·min^{-1}$)。采用这种办法不仅包括可见光,也包括不可见光的辐射效应在内。

森林群落内的光照状况变化很大,通过测定不同光强下树木的生长状况,可以了解光照强度对植物形态的影响。具体操作如下:首先在调查地区内设置固定标准地,在标准地内预先机械设立 5 个标桩,围绕每个标桩设 4 个测点,在每个测点上分别测定不同高处的光强,每次观测限定在 10 min 内完成。所用仪器一般是对可见光敏感的照度计或辐射计。

图 4-1 照度计

(左:Sekonic i-346,右:Mastech MS6612)

图 4-2 辐射计

(左:UVP UVX-36 紫外辐射计,右:Spectrum 3412 红外辐射计)

光强有季节变化和日变化,如林内光强的季节变化应在正午测定。在树木展叶和落叶季节,林内光照强度变化大,每日必须测定 1 次;在其他季节可以每隔 3~5 d 测定 1 次。

在分析林内光照的日变化时，每日至少测 5 次，一般在日出后、正午前、正午、正午后和日落前的规定时间测定，然后计算出 5 次结果的平均值，即为日平均光照强度。测定季节变化，需记载天气状况（如晴、薄云、阴、雨等）。林内光照测定完后还要测定林下树木生长状况或低光条件下树木生长速度和更新能力，一般测定指标有树高、年龄、直径、叶重、冠长和根茎比等。有时为了比较起见，除测定出林内光照强度外，还要测定林外的光照强度，然后除以林内光强，得出透光系数。

4.1.3 光质对植物生长的影响

光质是指太阳辐射的光谱成分。植物的生长发育是在日光的全光谱照射下进行的。一般来说，绿色植物只有当处在可见光的大部分波长的组合中才能正常生长，植物干重的增加也是在全光谱的日光下最大。但是有许多实验证明，不同波长的光对植物的光合作用、色素形成、向光性、形态建成的诱导等的影响是不同的。例如，光合作用的光谱范围只是可见光区（380~760 nm），其中红、橙光主要被叶绿素吸收，对叶绿素的形成有促进作用；蓝紫光也能被叶绿素和类胡萝卜素所吸收；绿光在光合作用中却很少被吸收，这是因为绿色叶子透射和反射的结果，所以绿光也称为生理无效光。不同的光质对光合作用的产物也有影响。

短波光（如蓝紫光与青光、紫外线）对植物的生长及幼芽的形成有很大的影响，能抑制植物的伸长生长，而使植物形成粗矮的形态。光的波长越短，对生长的抑制作用越显著。这可能是短波光对生长素起破坏作用，或者是使生长素不活泼阻碍了茎的伸长。长波光有促进生长的作用，促进种子和孢子的萌发，提高植物体的温度。如果红外线占优势，会导致叶色变淡、枝条伸长、花色不艳等现象。

对森林群落内的光质研究结果表明，林下光谱成分主要为绿光和红外线，林下植物不仅要忍受低光照条件，同时还受到"较差"光质的胁迫，如何改善林下光照及光质条件，是促进幼苗更新的重要条件。另外，对光质的研究还有助于了解种间竞争的某些机理问题。

4.2 温度因子

4.2.1 温度对植物生长的影响

植物的生理活动、生化反应，都必须在一定的温度条件下才能进行。植物是变温有机体，体内的一切代谢活动完全受外界温度的影响。在一定限度内，温度升高，生理生化反应加快，生长发育加速；温度降低，生理生化反应变慢，生长发育迟缓。当温度低于或高于植物所能忍受的温度范围时，生长逐渐减慢、停止，发育受阻，植物开始受害甚至死亡。

温度对植物的重要性，还在于温度的变化能引起环境中其他因子如湿度、土壤肥力等的变化，其中受温度影响最大的是：生化反应的酶的作用，特别是光合作用和呼吸作用的酶；CO_2 和氧在植物细胞内的溶解度；蒸腾作用；根在土壤中吸收水分和矿物质的能力。而环境诸因子的变化，又会影响植物的生长发育，影响植物的产量和质量。

植物在其整个生命活动过程中所需要的温度称作生物学温度，可用 3 个温度指标来表示：最低温度、最适温度和最高温度，合称为温度三基点。其中，最低温度是生物开始生长和发育的下限温度；生物学最适温度是生物维持生命最适宜及生长发育最迅速的温度；最高温度是生物维持生命能忍受的上限温度。不同种的植物以至同一植株的不同器官，对三基点温度的要求都是不同的。

当温度高于下限温度时，植物才能生长发育。这个对植物生长发育起有效作用的高出的温度值，称为有效温度。植物在某个或整个生育期内的有效温度总和，称为有效积温。积温既可以表示各地的热量条件，又能说明生物各生长发育阶段和整个生育期所需要的热量条件。

4.2.2 森林对小气候温度的影响

在植物群落内，白天和夏季的温度比空旷地面要低，但温度变化幅度比较小。群落结构越复杂，林内外温度差异就越显著。森林群落对温度的影响远比灌木、草本群落显著，对于大面积森林，不仅林内外温度差异很大，而且还可以影响一定范围的局部气候。

群落中的不同部位（层次），温度也有一定的差异。喜光植物或耐阴性程度较弱的种类，通常都能适应外界温度较大幅度的变化，常生长在森林的上层或林缘；植物的耐阴性越强，越不能适应环境温度剧烈的变化；生长在森林下层的阴性植物，既不能忍受阳光的强烈照射，又不能忍受温度的剧烈变化。人工栽培阴性植物需搭棚遮阴，不仅是为了减弱光强，也是为了防止温度的剧烈变动。

实验1 森林群落内光照和温湿度的测定

森林群落内光照和温湿度风速的测定

【实验目的】

（1）在掌握光照强度、温湿度测量仪器的使用和测定方法的基础上，对不同类型植物群落内的光照强度、温度和大气湿度等生态因子进行测定。

（2）认识不同植物群落内部生态因子以及植物群落与裸地间生态因子的差异。

【仪器与工具】

便携式光照度计，温湿度记录仪，风速测定仪，钢卷尺。

【步骤与方法】

（一）植物群落内光照强度的测定

（1）选取针叶林、阔叶林与竹林3种不同类型的群落。

（2）分别在针叶林、阔叶林与竹林下，从林缘向林地中心随机选取5个测定点，用照度计测定每一点的光照强度，并记录每次测定的数值记录在表4-1。

（3）选择一空旷无林地（最好地面无植被覆被）作为对照，随机测定5个点，用照度计测定裸地的光照强度，并记录每次测定的数值记录在表4-1。

（二）植物群落内温湿度的测定

在上述同样针叶林、阔叶林与竹林3种不同类型的群落以及对照地中，实施大气温湿度的测定：

(1) 从林缘向林地中心在 1.5 m 高处，随机选取 5 个点，测定每一点的温度和湿度，并将每次的数值记录在表 4-2。

(2) 同时在空旷无林地的 1.5 m 高处，随机选取 5 个点，测定空气温度和湿度，并将每次测定的数值记录在表 4-2。

(三) 风速的测定

(1) 在上述同样的针叶林、阔叶林与竹林 3 种群落中，从林缘向林地中心 1.5 m 的高处，随机选 5 个点。

(2) 用风速测定仪分别测定每点的风速，记录在表 4-3 中。

(3) 同时在空旷无林地，随机选取 5 个点，测定每个点的风速，并记录在表 4-3 中。

(四) 数据分析

根据测定结果，列表整理得到的数据，并分析针叶林、阔叶林和空旷无林地中的生态因子及其差异性。

(五) 实验报告

每组写一份实验报告。

【注意事项】

植物群落内以及对照地的环境生态因子(如光照强度、空气温度和湿度、风速)测定，一定要在相同的时间进行，这样获得的数据才具有可比性。

【探索性实验】

用本实验所介绍的实验方法，在针叶林、阔叶林与竹林以及空旷无林地不同的植物群落与环境中，设置若干个测定点，从清晨 7:00 至下午 19:00 的 12 h 内，每隔 2 h 定点观测各项生态因子指标，并分析其变化规律。

表 4-1　植物群落内光照强度的测定

光照强度 \ 群落	样点 1	样点 2	样点 3	样点 4	样点 5	平均
针叶林						
阔叶林						
竹林						
空旷地						

表 4-2　植物群落内温湿度的测定

温湿度 \ 群落	样点 1	样点 2	样点 3	样点 4	样点 5	平均
针叶林						
阔叶林						
竹林						
空旷地						

表 4-3　植物群落内风速的测定

群落＼风速	样点 1	样点 2	样点 3	样点 4	样点 5	平均
针叶林						
阔叶林						
竹林						
空旷地						

案例 1　天目山柳杉树干液流动态及其与环境因子的关系

森林个体和群体耗水特性对区域水量平衡的影响是评价森林生态效应的重要依据，定量研究树木的蒸腾耗水特性一直是树木生理生态学和生态水文研究的热点问题。热扩散探针法（TDP）由于在自然条件下活体测定树木的液流量，能够准确地反映出树木日及季节尺度上的变化，具有操作简单、测量精度高的优点。如果与大气和土壤因子传感器相结合，并与数据采集器相连接，可实现多种气象因子和土壤要素与树木边材液流速率的同步测定，从而掌握树干液流量的动态变化规律。

国内外的相关研究结果表明：树干液流量与树干胸径、叶面积和边材面积等因子之间呈线性关系，树木边材液流速率与环境因子及土壤水分密切相关，通过研究树干液流的变化规律及其与环境因子的关系，可以很好地定量分析树木生长与蒸腾耗水的相互关系。

浙江省天目山国家级自然保护区拥有世界罕见的柳杉古树群，50 cm 以上柳杉古树有 2032 株，占自然保护区 100 种古树名木总数的 36.9%，为天目山最具特色的森林植被之一。本研究利用荷兰 Hukseflux 公司生产的热扩散探针，全年连续监测柳杉液流速率及其主要影响因子，分析柳杉液流的水分生理及其随时间变化的特征，揭示树木水分需求与周围环境因子的关系，为准确评价柳杉耗水特性和林地经营管理提供科学依据。

1. 材料与方法

1.1　样地与样树

试验样地位于天目山国家级自然保护区龙峰尖生态定位观测站（30°20′N，119°23′E），观测样地位于该站一片树龄古老的柳杉林，对样地内柳杉进行每木调查，本着古树保护的原则，根据试验要求选择干形通直、冠形良好、具有代表性的一株 160 a 生柳杉为测定样木，树高为 21.6 m，胸径为 75.6 cm。杨树周围有玉兰（*Yulania denudata*）、交让木、灯台树等乔灌木，林下有阔叶山麦冬（*Liriope muscari*）、吉祥草（*Reineckea carnea*）、翠云草（*Selaginella uncinata*）等地被植物。

1.2　研究方法

从 2007 年 10 月启动柳杉树干液流的自动监测，试验时间为 2007 年 12 月至 2008 年 11 月。2008 年 12 月，利用生长锥钻取木芯，测定柳杉样树边材面积为 4016.683 cm^2。

(1) 树干液流的测定

树干液流用热扩散方法进行测定。热扩散探头由2根探针组成,上部探针恒定连续加热,内有加热线和热电偶;下部探针为参考端。通过测定2根探针在边材的温差值,可由经验公式 UP Sap Flow-System User Manual Version 2.6 求出树干边材的液流密度的连续变化:

$$\mu = 0.714 \times [(\Delta T_m - \Delta T) \div \Delta T]^{1.231} \quad (4-1)$$

式中,μ 为液流密度($mL \cdot cm^{-2} \cdot min^{-1}$);$\Delta T_m$ 为无液流时两探针最大温差(℃);ΔT 为两探针测定的温差(℃)。

(2) 环境因子的测定

利用观测铁塔测定林内的空气温度(℃)和相对湿度(%)(HMP45D Humidity and Temperature Sensor, Vaisala Oyj, Finland),林冠下空隙中的光合有效辐射($\mu mol \cdot m^{-2} \cdot s^{-1}$)(QS2 PAR Quantum Sensor, Delta-T Devices Ltd., U.K.),空气压强(hPa)(PTB100A Air Pressure Sensor, Vaisala Oyj, Finland),同步测定地面土壤温度(℃)(PT100, IMKO, Germany),土壤水分含量(%)(Soil Moisture Sensor, IMKO Micromodultechnik GmbH, Germany)。以上林内环境因子的传感器模块及树干液流探针测定模块,通过电源线、树干液流观测馈线与 TRIME-Logger(ENVIS System, IMKO Micromodultechnik GmbH, Germany)数据采集器连接。从2007年10月开始不间断测量,每10min测定1次,每30min取1次液流平均值,同步读取以上环境因子数值。以上观测过程是通过太阳能电板(KC60 Multicrystal Photovoltaic Module, Kyocera, Germany)蓄电后,并直接供应 ENVIS 网络生态监测系统标准电压电量,持续每天进行观测。

(3) 数据处理

假定树干边材中液流密度处处相等,则单木液流速率 F_s($g \cdot min^{-1}$) 可由下式计算:

$$F_s = \mu \times SA \times \rho \quad (4-2)$$

式中,SA 为树干边材面积(cm^2);ρ 为水的密度($g \cdot cm^{-3}$)。

单木日液流量 F_d($kg \cdot d^{-1}$) 由下式计算:

$$F_d = 0.001 \times \sum_{i=1}^{48} F_{si} \times \Delta T \quad (4-3)$$

式中,ΔT 为采样时间间隔(min),在本研究中为30min;F_{si} 为第 i 时刻的单木液流速率($g \cdot min^{-1}$)。

单木月液流量 F_m(kg) 为:

$$F_m = \sum_{j=1}^{n} F_{dj} \quad (4-4)$$

式中,n 为每月的天数;F_{dj} 为该月第 j 天的单木日液流量($kg \cdot d^{-1}$)。

试验数据均采用 DPS V7.0 统计软件进行数据分析,采用 SigmaPlot 10 作图。

2. 结果与分析
2.1 不同季节不同天气单木液流速率的平均日变化

(1) 晴天和阴天液流速率日变化

不同季节晴天和阴天单木液流速率的平均日变化如图4-3所示。在晴天，冬、春、夏、秋季液流速率开始升高的时间分别出现在06:00，06:00，03:00和04:00前后，峰值分别出现在午后15:00（111.26 g·min^{-1}），14:00（186.59 g·min^{-1}），13:30（135.57 g·min^{-1}），14:00（114.20 g·min^{-1}）前后，液流速率无明显地停止时间。阴天与晴天相比，冬春两季液流速率开始升高的时间相对提前，而夏秋两季相对延迟。除冬季晴天、阴天液流速率峰值基本相等外，其他季节阴天峰值与晴天相比降低幅度明显，冬、春、夏、秋季液流速率开始升高的时间分别出现在05:30，03:30，05:30和06:30前后，峰值分别出现在午后14:00（108.83 g·min^{-1}），14:00（74.62 g·min^{-1}），14:30（80.89 g·min^{-1}），15:00（64.75 g·min^{-1}）前后，回到低值的时间比晴天液流速率降幅显著，也没有明显的液流速率停止时间。

晴天，由冬季至夏季，液流速率开始升高的时刻逐渐提前，由夏季至冬季，液流速率开始升高的时刻逐渐延后，冬季平均液流速率启动时间与夏季相比表现为滞后3 h，而液流速率回到低值时间不明显，说明液流速率的持续时间与当地气候及昼长变化规律相对一致。夏季液流速率峰值出现的时间最早（13:30），冬季最晚（15:00），时间相差1.5 h，冬季气温对液流速率峰值出现时间起主要作用，而夏季温度升高、光辐射增强可能使液流峰值时间提前。

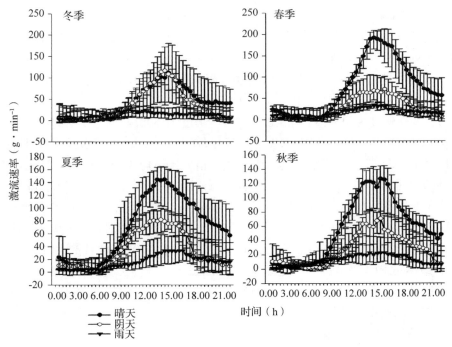

图4-3 四季晴天、阴天和雨天平均液流速率的日变化

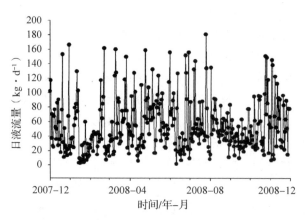

图 4-4　2007-12—2008-12 月液流量年变化

(2) 雨天液流速率日变化

不同季节雨天单木液流速率的平均日变化如图4-3所示。雨天与晴、阴天相比较，树干液流变化幅度较小，液流速率相对稳定，峰值降低，无明显的日变化规律。冬季(2007-12—2008-02)、春季(2007-03—2008-05)、夏季(2007-06—2008-08)和秋季(2007-09—2008-11)雨天单木液流速率均值分别为 8.41 ± 0.71 g·min^{-1}、16.64 ± 1.01 g·min^{-1}、18.73 ± 1.06 g·min^{-1}、18.96 ± 1.29 g·min^{-1}。

2.2　单木日液流量的年变化

根据 2007-12—2008-11 柳杉树干液流连续监测的数据，计算出柳杉单木日液流量的年变化动态(图4-4)。由图4-4可知，2007年12月1日至2008年2月29日是柳杉的非生长季节，日液流量数值小，在 44.92 kg·d^{-1}±3.76 kg·d^{-1} 的低值水平上波动，12月30日最大(166.15 kg·d^{-1})，1月16日最小(2.89 kg·d^{-1})，变异系数0.80，该时期平均气温 -0.5℃，低温可能是这一时期液流量小的主要限制因子；3月1日至5月31日，日液流量在 62.86 kg·d^{-1}±3.86 kg·d^{-1} 变化，3月10日最大(160 kg·d^{-1})，4月13日最小(5.89 kg·d^{-1})，变化幅度为(154.11 kg·d^{-1})，变异系数0.59，该时期太阳平均辐射强度最高(67.4 μmol·m^{-2}·s^{-1})、大气平均气温显著升高(11.4 ℃)、土壤水分含量日际变幅增大；6月1日至8月31日，日液流量呈逐波下降的趋势，平均为 56.59 kg·d^{-1}±3.85 kg·d^{-1}，7月25日最大(180.86 kg·d^{-1})，6月10日最小(1.73 kg·d^{-1})，变化幅度为(179.13 kg·d^{-1})，变异系数0.65，该时期为一年中气温最高(20.2 ℃)、太阳辐射强度为次高(41.7 μmol·m^{-2}·s^{-1})的季节，土壤水分含量逐月降低，大气湿度相对较高；9月1日至11月30日，日液流量维持在 53.47 kg·d^{-1}±3.55 kg·d^{-1} 的水平，10月24日最大(151.03 kg·d^{-1})，11月2日最小(6.81 kg·d^{-1})，变化幅度为 (144.22 kg·d^{-1})，变异系数0.63，该时期大气气温逐渐降低，太阳辐射强度为全年最低(26.1 μmol·m^{-2}·s^{-1})的季节，土壤水分含量继续下降，是液流速率降低的主要原因。

2.3　单木月液流量的年变化

单木月液流量(图4-5)表现为1月最小，只有 1064.30 kg，5月最大，达 2122.62 kg。冬季(2007-12—2008-02)、春季(2007-03—2008-05)和秋季(2007-09—2008-11)单木季

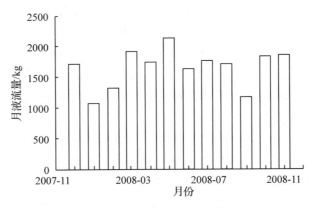

图 4-5 月液流量的年变化

液流量分别为 4088.10 kg、5782.94 kg、5116.19 kg、4865.97 kg。

2.4 单木液流与环境因子的关系

(1) 单木液流速率与环境因子的关系

以单木液流速率为因变量,以林内光合有效辐射、气温、相对湿度、冠上水汽压、土壤温度、土壤水分含量为自变量,通过逐步线性回归分析,得如下回归方程:

$$\mu = 29.62828 + 0.01865 PAR + 11.21148 T_a - 0.60978 R_h - 8.62493 T_{s10} + 1.84008 C_s$$
$$[F = 13.3476, D_f = (5, 126), P < 0.01] \quad (4-5)$$

式中,PAR 为林冠下空隙中的光合有效辐射($\mu mol \cdot m^{-2} \cdot s^{-1}$);$T_a$ 为空气温度(℃);R_h 为空气相对湿度(%);T_{s10} 为 10 cm 深处的土壤温度;C_s 为土壤水分含量。

回归分析表明:液流速率与林冠下空隙中的光合有效辐射、空气温度和土壤水分含量为正相关,与空气相对湿度和 10 cm 深处的土壤温度为负相关,与冠上水汽压相关性不显著。其中,液流速率与空气温度、10 cm 深处的土壤温度呈极显著性相关($P<0.01$)。

(2) 单木日液流量与环境因子的关系

以单木日液流量为因变量,以林内光合有效辐射日总量、气温、相对湿度、冠上水汽压、土壤温度、土壤水分含量等日均值为自变量,通过逐步线性回归分析,得如下回归方程:

$$\mu_d = -3.81372 + 0.00922 PAR + 3.40982 T_a - 0.91910 R_h - 3.89484 T_{s10}$$
$$[F = 4.0622, D_f = (4, 30), P < 0.01] \quad (4-6)$$

回归分析表明:日液流量与林冠下空隙中的光合有效辐射和空气温度呈正相关,与空气湿度和 10 cm 深处的土壤温度呈负相关,与冠上水汽压及土壤水分含量相关性不显著。其中,日液流量与林冠下空隙中的光合有效辐射呈显著性相关($P<0.05$)。

(3) 单木月液流量与环境因子的关系

以单木月液流量为因变量,以林内光合有效辐射月总量、气温、相对湿度、冠上水汽压、土壤温度、土壤水分含量等月均值为自变量,通过逐步线性回归分析,得如下回归方程:

$$\mu_m = -62\,278.337\,66 + 0.000\,36PAR + 38.185\,19T_a + 70.398\,11P \tag{4-7}$$
$$[F = 4.9722, D_f = (3, 8), P < 0.05]$$

回归分析表明：单木月液流量与林冠下空隙中的光合有效辐射、空气气温、冠上水汽压为正相关，与相对湿度、土壤温度及土壤水分含量相关性不显著。其中，月液流量与林冠下空隙中的光合有效辐射呈极显著性相关（$P<0.01$），与空气温度呈显著性相关（$P<0.05$）。

3. 结论与讨论

（1）由于乔木体形较大，要准确测定整树的蒸腾作用具有一定困难，因此多数相关研究都选择了具有代表性的单株样木进行树木液流的相关研究。而天目山拥有世界上规模最大的柳杉群落，古柳杉达2000多株，树龄多集中100～160 a，选择具有代表性的单木柳杉研究其树木液流动态规律对古树保护具有重要价值。

（2）柳杉树干液流日动态因季节及天气状况而异。全年不同季节中，晴、阴天气柳杉液流速率日变化均呈现为单峰型。晴天，由冬季至夏季液流速率开始升高的时刻逐渐提前，由夏季至冬季，液流速率开始升高的时刻逐渐延后，而液流速率回到低值时间均不明显；阴天，冬春两季液流速率开始升高的时间比晴天提前，而夏秋两季比晴天相对延迟。除冬季晴、阴天气液流速率峰值接近外，其他季节阴天峰值与晴天相比降低幅度明显。雨天与晴天、阴天相比较，树干液流变化幅度较小，液流速率相对稳定，峰值降低，无明显的日变化规律。本文中的分析结果表明：柳杉树干液流速率夜间存在但数值较低且依晴、阴及雨天递减，根压可能是柳杉液流夜间存在的原因。

（3）树干液流的日变化及其季节变化规律受到各种环境因子的影响。其中，太阳辐射以及由辐射影响的空气温度和大气湿度强弱，影响着植物的耗水量大小。本研究结果发现，2007年12月至2008年11月观测期间春季日照时间最长，光合有效辐射季总量最大（8 935 290 $\mu mol \cdot m^{-2} \cdot s^{-1}$），其次为夏季（5 526 510 $\mu mol \cdot m^{-2} \cdot s^{-1}$）、冬季（4 200 750 $\mu mol \cdot m^{-2} \cdot s^{-1}$），秋季最低（3 422 670 $\mu mol \cdot m^{-2} \cdot s^{-1}$），从而使得树木液流速率在春季维持在较高的水平（48.57 $g \cdot min^{-1}$）。

（4）由于树木液流的大小决定于生物学结构、土壤供水状况和气象因子，同一树种不同个体之间以及不同树种之间的边材和心材面积比率差异很大，即使具有相同或相似胸径，其液流密度差异也很大。在冬、春、夏、秋季，柳杉日液流量分别为 44.92±3.76 $kg \cdot d^{-1}$、62.86±3.86 $kg \cdot d^{-1}$、56.59±3.85 $kg \cdot d^{-1}$、53.47±3.55 $kg \cdot d^{-1}$，而柳杉季液流量分别为 4088.10 kg、5782.94 kg、5116.19 kg、4865.97 kg。

（5）回归分析表明：树木液流与环境因子的关系随研究尺度的不同而不同，影响瞬时液流速率的环境因子主要是空气气温、10 cm 深处的土壤温度，影响日液流量的主要环境因子是林冠下空隙中的光合有效辐射，影响月液流量的主要环境因子为空气气温、林冠下空隙中的光合有效辐射。

第5章 森林土壤调查和测定

土壤是指覆被于地球陆地表面、具有肥力特征的、能够生长绿色植物的疏松物质层，为植物提供必需的营养和水分，也是陆生动物生活的基底和土壤动物赖以生存的栖息场所。本章详细介绍森林土壤的取样方法和常规理化指标的测定方法，以及土壤微生物和植物根系的取样和分析方法。

5.1 土壤取样方法及常规理化指标的测定

5.1.1 土壤的物理性质

土壤的物理性质是指土壤不发生化学变化就能表现出来的性质。常用的土壤物理指标有以下几类。

(1) 土壤温度

土壤冷热状况与植物生长发育关系极为密切，同时也影响着土壤中生物过程即理化过程的进行，土壤温度的测定一般采用地温计测量即可。

(2) 土壤含水量

土壤含水量即土壤的含水情况，用以说明土壤的干湿程度。通常用烘干法测定。

(3) 土壤容重

土壤在未经扰动的自然状态下单位体积的质量称土壤容重，通常以 $g \cdot cm^{-3}$ 表示。土壤容重不仅用于鉴定土壤颗粒间排列的紧实度，而且也是计算土壤孔隙度和空气含量的必要数据。测定方法有环刀法、蜡封法、γ射线法。土壤在烘干状况下的容重称干容重。

(4) 土壤比重

土壤颗粒(包括有机质和矿物质)的烘干质量与同体积4℃水的质量之比，通常采用比重瓶法测定。

(5) 土壤结构

土壤颗粒经过团聚和分散作用所形成的相对稳固的单位。土壤结构具有水稳性，对土壤中水分和空气有调节作用。直径大于0.25 mm的结构性团聚体占土壤总量的质量分数是土壤结构的重要指标。直径在1~10 mm的粒状、核状和团块状结构，可使土体疏松，有利根系活动以及吸取土壤水分和养分，因此属于优良的土壤结构。颗粒直径在0.25~0.001 mm，称土壤微结构。直径小于0.001 mm的颗粒，称单粒，透水性差，植物根系伸展困难，因此属于不良的土壤结构(表5-1)。

(6) 土壤机械组成

土壤机械组成又称土壤质地，是指土壤的固相部分中砂粒或黏粒的含量。土壤机械组成的测定方法有手测法和机械分析法。

(7) 土壤黏着力

土壤黏着力又称土壤外附力，即土壤在湿润状态下黏着物体的能力。其数值等于水膜附在物体上的面积和水分张力的乘积。黏着力的测定可用黏着仪进行，其单位为 $g \cdot cm^{-2}$。

(8) 土壤孔隙率

土壤中孔隙体积与土块总体积之比，又称孔隙度，以百分数表示。土壤毛细管形成的孔隙称毛管孔隙，其他孔隙皆为非毛管孔隙。一般总孔隙率由容重及比重两项数值计算而得。

(9) 土壤饱和度

土壤饱和度指土体空隙中水占的体积与土体孔隙体积的比值。

5.1.2 土壤的化学性质

土壤的化学性质为土壤发生化学反应时才表现出来的性质，主要包括土壤 pH、土壤可溶性盐、土壤总盐量、可溶性阳离子和阴离子、土壤养分和土壤有机质等。

(1) 土壤 pH

土壤 pH 表示土壤酸、碱性的指标，以土壤浸提液中氢离子浓度负对数来表示。其测定一般可采用电位测定法。电位法原理是测定土壤悬液 pH，通过 pH 玻璃为指示电极，甘汞电极为参比电极。此二电极插入待测液时构成电池反应，期间产生电位差，因参比电极的电位是固定的，故此电位差之大小取决于待测液的氢离子活度或其负对数 pH。因此，可用电位计测定电动势。再换算成 pH，一般用酸度计可直接测得 pH 值。

(2) 土壤可溶性盐

土壤中所含的水溶性盐分。了解土壤可溶性盐含量，是进行盐碱土分类、作物种植、防治土壤盐碱化和采取灌溉排水措施等所必不可少的依据。

(3) 土壤总盐量

从一定比例（一般采用 5∶1）的水和土（风干土）中，在一定时间内浸提出来的可溶性盐分总量。可用压榨法直接抽取土壤溶液进行分析。总盐量的单位可用相当土质量的百分数表示，也可用电导度单位表示。供试溶液最好采用饱和浸提液。总盐量的测定方法有质量法、电导法、比重计法和阴阳离子计算法。

(4) 可溶性阳离子和阴离子

土壤盐分中常有 8 种阴阳离子，即 HCO_3^-、CO_3^{2-}、Cl^-、SO_4^{2-}、K^+、Na^+、Ca^{2+}、Mg^{2+}。盐分组成及这些离子间的比例关系，可用于鉴别盐碱土的类型，并确定相应的改良措施。这些离子的不同组合对作物一般都有危害作用，尤以 Na_2CO_3 毒性最大。钠盐较多的土壤，在进行冲洗时，还可能使土壤碱化，所以 Na^+ 是土壤和水中主要监测的离子，其分析方法有火焰光度计法、离子色谱法、钠电极法和差减法。氯离子分析方法有硝酸银滴定法和氯电极离子活度计法等。硫酸根离子分析方法有四羟基醌法和联苯胺法等。碳酸根离子、重碳酸根离子的分析方法有双指标剂滴定法和电位滴定法等。

(5) 土壤养分

测定土壤内氮、磷、钾含量,可及时了解土壤及植物养分丰缺情况。全氮量分析方法有凯氏法、重铬酸钾-硫酸硝化法等。全磷量分析方法有氢氧化钠碱熔-钼锑抗比色法等。全钾量分析方法有火焰光度计法和四苯硼钠质量法等。

(6) 土壤有机质

土壤有机质包括非腐殖质和腐殖质两大类。土壤有机质含量是土壤肥力高低的重要指标之一。

5.2 土壤剖面调查

5.2.1 剖面的挖掘

土壤剖面通常挖成长 1.5~2 m,宽 0.8~1 m,深达母质、母岩、地下水面或深至 1 m 左右(图 5-1)。土坑观察面上方不要踩踏和堆土,保持植被和枯落物的完整。最好在观察、记录和采样过程中,剖面均能受到阳光照射。观察面的对面坑壁,修成阶梯状,便于观察者上下方便。在农田、苗圃或种植园挖剖面时,应将表土与底土分别堆放在土坑两侧,工作后依次填埋土坑,不使土层搅乱。在山坡上挖掘剖面,应与等高线平行,并与水平面垂直。剖面挖掘完成后,将观察面一边修成光滑面,另一边剔成自然状态,然后进行观察记载。

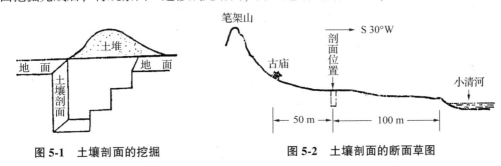

图 5-1 土壤剖面的挖掘　　　　图 5-2 土壤剖面的断面草图

5.2.2 土壤剖面的观察与记载

5.2.2.1 土壤剖面形态记载

(1) 各种土壤发生层次

A_0 为残落物层。根据分解程度不同又可分为 3 个亚层。

A_{01} 分解较少的枯枝落叶层。

A_{02} 分解较多的半分解的枯枝落叶层。

A_{03} 分解强烈的枯枝落叶层,已失去其原有植物组织形态。

A_1 为腐殖质层。可分 2 个亚层。

A_{11} 聚积过程占优势的(当然也有淋溶作用)、颜色较深的腐殖质层。

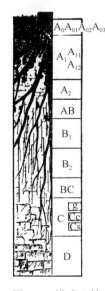

图 5-3 模式土壤剖面示意

A_{12} 颜色较浅的腐殖质层。

A_2 为灰化层，灰白色，主要通过淋溶作用形成。

B 为淀积层，里边含有由上层淋洗下来的物质，所以 B 层在一般情况下大都坚实。B 层根据发育程度还可以分出 B_1、B_2、B_3 等亚层。

AB 层为腐殖质层与淀积层的过渡层。

C 层为母质层。

BC 层为淀积层与母质层的过渡层。

D 层为母岩层。

CD 层为母质层与母岩层的过渡层。

G 层为潜育层。

Cc 表示在母质层中有碳酸盐的聚积层。

Cs 表示在母质层中有硫酸盐的聚积层。

根据土壤剖面发育的程度不同可以有不同的土壤类型。

（2）层次深度及其代表符号

从地面开始起算，逐层记载各层范围，如 0~5 cm，5~12 cm，12~38 cm，38~84 cm。

森林土壤在对整个剖面形态观察之后，还须标明层次代表符号，如 A_0，A_1，B，BC 等。

（3）颜色

土壤颜色是辨别土壤最明显的标志。观察土壤颜色，用湿润土壤。颜色命名以主色在后，次色在前，如"红棕色"即棕色为主，红为次色。

（4）结构

结构是由土粒排列、胶结形成的各种大小和不同形状的团聚体。常见土壤结构种类见表 5-1。

（5）湿度

现场鉴定湿度采用手测法。

（6）质地

将土壤湿润后，用手测法鉴别。

（7）紧实度

反映土壤的紧密程度和孔隙状况现场可按以下标准鉴别。

极紧实：用力也不易将尖刀插入剖面，划痕面显且细，土壤用手掰不开。

紧实：用力可将尖刀插入剖面 1~3 cm，划痕粗糙，用力可将土块掰开。

适中：稍用力可将尖刀插入剖面 1~3 cm，划痕宽而匀，土块容易掰开。

疏松：稍用力可将尖刀插入剖面 5 cm 以上，但土不散落。

松散：尖刀极易插入剖面，土体随即散落。

表 5-1 常见土壤结构

结构类型		结构形状		直径(厚度)(mm)	结构名称
团聚体类型	立方体状	裂面和棱角不明显	形状不规则，表面不平整	>100	大块状
				50~100	块状
				5~50	碎块状
		裂面和棱角不明显	形状较规则，表面较平整，棱角尖锐	>5	核状
			近圆形，表面粗糙或平滑	<5	粒状
		形状近圆浑，表面平滑，大小均匀		1~10	团粒状
	柱状	裂面和棱角不明显	表面不平滑，棱角圆浑，形状不规则	30~50	拟柱状
				>50	大拟柱状
		裂面和棱角不明显	形状规则，侧面光滑，顶底面平行	30~50	柱状
				>50	大柱状
		裂面和棱角不明显	形状规则，表面平滑，棱角尖锐	30~50	棱柱状
				>50	大棱柱状
	板状	呈水平层状		>5	板状
				<5	片状
	微团聚体			<0.25	微团聚体
单粒类型		土粒不胶结，呈分散单粒状			单粒

(8) 新生体

新生体是判断土壤性质、物质组成和土壤生成条件极重要的依据。常见的新生体有下列种类：

易溶盐类：盐带、盐结皮、盐脉。

碳酸钙类：假菌丝、结核、石灰斑。

铁锰质类：锈纹、锈斑、铁锰结核、铁盘、胶膜。

有机质类：腐殖质斑痕。

生物类：虫穴、蚓粪。

(9) 侵入体

侵入体即土壤掺杂物，如砖块、瓦片、木炭、填土、煤渣等。

(10) 碳酸盐反应

用 1∶3 HCl 滴加在土壤上，根据泡沸反应的强弱以"+++、++、+"表示。

(11) pH 值

用混合指标剂现场测。(可参照"土壤 pH 值的测定"——简易比色法)表示。

(12) 根量

根据密集程度分为盘结(占土体 50% 以上)、多量(占土体 25%~50%)、中量(占土体 10%~25%)、少量(占土体 10% 以下)及无根系 5 级。

(13) 石砾含量

以裸露石砾占土壤剖面面积多少(%)估算。

(14) 剖面综合特征

综合可被利用土层的特征,为土地利用直接提供参考资料。

(15) 土壤定名

沿用学名或记载生产中习用名称。

5.2.2.2 土壤标本和分析样品的采集

(1) 采集土盒标本

土壤剖面观察和记载完成后,即可采集土壤标本和分析样品。土盒标本应采集各层中最有代表性的部分,从剖面下部层次采集,放入盒中最下格,逐层向上采集。采集完毕,在土壤盖上写明编号、采集时间、地点、采集人和土壤名称,并在土盒侧面注明各层深度。

(2) 采集分析样品

从每层中部采取。分析样品不应少于 0.5~1.0 kg,含大量石块和侵入体时,应采样 2.0 kg 以上。取样先从下部层次开始,分导装入布袋内,(含水较多样品可用塑料袋)。样品采集后,用铅笔填写土样标签(图 5-4)。标签下部撕下放入袋内,上部绑在样袋外面,将一个剖面的各层土袋捆在一起带回。

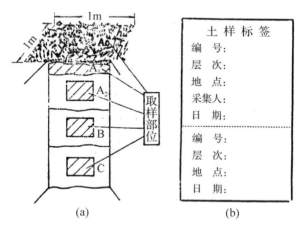

图 5-4 土壤剖面采样示意图及土样标签

表 5-2 土壤记录调查表(样表)

调查日期：_____ 天气：_____

剖面编号：_____ 地点：_____

剖面位置图（平面及断面）

大区地形：　　　　　　　　　小区地形：
坡向及坡度：　　　　　　　　海拔高度：
母岩种类：　　　　　　　　　母质类型：
地面侵蚀情况：
地下水位深度及地表水情况：
土地利用情况：

植物种类							
					植被覆被度：		

林木调查	调查因子	林木组成	林木起源	优势树种			郁闭度	木材蓄积量
				林龄	平均树高	平均直径		
	目测							
	实测							

(续)

层次符号	层次厚度（cm）	土壤剖面形态特征	采样记事
		颜色、结构、湿度、质地、紧实度、新生体、侵入体、碳酸盐反应、pH值、根量、石砾含量、层次过渡情况等	样本种类、采集深度、数量等
剖面综合特征：			
土壤定名：			
备注			

调查人：

5.3 土壤微生物测定

土壤微生物是指生活在土壤中的细菌、放线菌、真菌和藻类。微生物是土壤肥力形成和持续发展的核心动力，是地球表面物质循环的强大推动者。土壤微生物种类的多样性是任何其他环境无可比拟的，土壤中的有机质完全依靠微生物来分解，推动营养元素循环。植物在土壤中不能脱离微生物而生长，特别是根际微生物和共生微生物。微生物和植物共生是很普遍的现象。随着近代大量有毒化学制剂投放到土壤中，依靠微生物来降解残留物也是对环境污染进行生物治理的重要手段。因此，土壤微生物生态学研究成为近年来国际土壤学研究的热点之一。

作为土壤中最具活力的生物成分，微生物对植物生长存活的作用研究受到人们的重视。有很多森林植物是靠根系和土壤微生物的互利关系取得养分的。通过观察可以发现，凡有菌根的树木一般生长快，要比无菌根的树木能吸收更多养分。在贫瘠土壤条件下，微生物的存在不仅改进了养分状况，而且提高了抗病、耐旱、抗高温等逆境的能力。无论从科学研究还是生产实践需要的角度，土壤微生物的研究都有重要意义。

5.3.1 土壤样品的采集

根据研究目的，选择具有代表性的未经人为干扰的土壤，确定采样地点。采样时应对土壤、生物、气候等环境因子进行调查并做记录，如地形、植被、土壤剖面形态、土壤水热状况、pH值、有机质含量、质地等。除非特殊目的，否则尽量避免雨季取样。

采样时所用的工具、塑料袋或其他装土样的器皿必须事先灭菌，或先用采取的土样擦拭。采样步骤如下：

除去地表面植被和枯枝落叶。铲除表面厚1 cm左右的表土，以避免地面微生物与土样混杂。多点采取质量大体相当的土样于塑料布上，剔除石砾或植被残根等杂物，混匀后取一定数量装袋。取样深度依研究设计而定，在同一剖面中分层取样时，应在挖好剖面后，先取下层土样，然后再取上层土样，以避免上下层土样混杂。

需要保持通气的样品可用聚乙烯袋包装，也可用铝盒、玻璃瓶等其他容器包装，但要使容器中留有空间。如果样品需要保持嫌气状态，则应用玻璃瓶等可密封的容器包装。样品采集后应尽早分析，存放时间越短越好。

5.3.2 土壤微生物的分离与计数

分离土壤微生物的方法很多，稀释平板法是测定土壤微生物数量最常用的一种方法。主要适用于菌体大小和质量都差不多的类群，如细菌和酵母。这个方法基于这样的假设，通过将一定质量的土壤在适量的溶液中搅拌，使微生物与土壤分开，这些分开的微生物细胞在营养琼脂平板上生长称为分散的菌落，根据菌落数换算得单位质量土壤中微生物的数量。土壤中微生物的数量很多，因此，必须取少量的样品制成土壤悬液，然后稀释，使发育在培养皿中的菌落可以很好地分散开来。

这种方法的操作步骤如下：

（1）用1/100天平称取10 g土样，加入盛有100 mL无菌水的500 mL三角瓶中。同时称取土样10~11 g（记下准确质量），测定含水量。

（2）将盛有10 g土样和100 mL无菌水的三角瓶放在震荡机上震荡10 min，使土样均匀地分散在稀释液中成为土壤悬液。

（3）土壤分散后，吸取1 mL土壤悬液加到9 mL稀释液中（或5 mL到45 mL稀释液中）依次按10倍法稀释，通常稀释到10^{-6}。要在每次吸取悬液时，将吸管在稀释液中反复吸入吹出悬液3~5次，使管壁吸附部分饱和以减少因管壁吸附而造成的误差，并使悬液进一步分散。

（4）根据各类微生物在土样中的数量多少选择经过适当稀释的悬液接种。一般真菌采用的稀释度为10^{-3}~10^{-1}，放线菌为10^{-5}~10^{-3}，细菌为10^{-6}~10^{-4}，各重复4次。吸取1 mL悬液于直径为9 cm的灭菌培养皿中，然后倾注已溶化并冷却至45℃的选择性培养基约15 mL，与培养皿中的土壤悬液充分混匀，待凝固后倒置保温培养。

（5）接种了土壤悬液的培养皿，待培养基凝固后倒置于28~30℃恒温培养箱中培养一定时间(细菌3~5 d，真菌5~7 d，放线菌10~14 d)后取出，细菌和放线菌选取出现菌落数在20~200的培养皿，真菌选取菌落数在10~100的培养皿，被扩散性细菌或真菌菌落占据琼脂表面15%的培养皿应该剔除，因为它们抑制了其他菌落的正常发育造成误差。

(6)结果计算公式：

$$每千克土中菌数 = (菌落平均数 \times 稀释倍数)/干土重 \qquad (5\text{-}1)$$

5.4 树木根系测定

根系是植物直接与土壤接触的器官，一方面根系不断地从土壤中获得养分和水分，满足植物生长和发育；另一方面根系又直接参与土壤中物质循环和能量流动。根系的分布特征反映了土壤的物质和能量被利用的可能性以及生产力。随着生态学研究的深入，作为生态系统整体的一部分，根系的研究越来越受到重视。例如，对于群落内种间关系的研究中，虽然植物地上部分之间的相互作用不可忽视，但是地下部分产生的相互协调和竞争可能成为关键因素。近几十年来国内外在这方面做了大量深入的研究。

根系的形态是许多因素共同影响的结果，除了遗传因素外，根系形态随扎根的土壤环境而有明显不同。能够显著影响根系在土壤中的垂直分布的因素有：

(1)土壤的物理性质

质地坚硬、结构不良的土壤，根系很难穿透。

(2)土壤湿度和通气性

根系在过干或过湿的土壤中都不能正常生长。土壤含水过多会导致缺氧和有毒物质积累，对根系产生毒害作用。有些适应了干旱或湿地环境的植物种类，根系的形态产生很大的变异。

(3)土壤温度

与地上部相比，根系能忍受较低的温度，但温度低也会限制根的生长。春季表土比下层土增温快，所以新根都集中在土壤表层。

(4)土壤养分

根有趋肥性，在肥沃的土壤中，根生长较快。此外，较高的养分浓度对根的刺激也会促使根向养分集中的地点延伸。

(5)根系竞争或相互作用

主要包括根系之间对养分、水分的争夺以及他感作用等。但有些树种之间由于存在共生关系，两者根系之间并不排斥，如落叶松和水曲柳。

(6)土壤化学物质

某些有毒化学物质在土壤中的积累，会抑制细根的生长。

虽然与地上部分的研究比起来，根系的研究还存在诸多困难，但是近年来技术手段的进步促进了根系的研究。

根系研究方法有挖掘法、整段标本法、土钻法、剖面法、玻璃壁法等。这里主要介绍挖掘法和整段标本法。

5.4.1 挖掘法

挖掘法是根系生态研究中常用的一种传统方法，要求移去根系周围的土壤，暴露植株的整个根系，对露出的根系进行绘图和摄影，主要步骤如下：

(1) 选择植株

供挖掘根系的植株的选择，应根据研究目的而定。一般选择同类群体中生长发育正常者，不应选群体中孤立者。或者受某种特定生态因子(如光照、土壤、竞争等)影响的植株。选好后测定地上部有关因子，然后固定植株顶部。

(2) 开沟

沟与植株距离要足够远，以保证横向根系不致受损，又要考虑工作量。一般对草本植物以 20~80 cm 为宜，但高大乔木的横向根伸离树干达 10 m 或更远，如不清楚待挖根系水平伸展的大概范围，则应从树干开始小心清除表土，以弄清横向根系的水平伸展范围。在北半球，沟应在植株南侧挖掘。由于沟开自植株北侧或南侧各有利弊，因此，应根据当地具体情况而定。沟宽 1 m 左右，以便工作，沟深应超过最深根系 20~40 cm。

(3) 掘露根系

主要是仔细清除壕沟靠植株一侧的土壤，从表土开始逐渐向下延伸，挖至露出根系的土壤剖面。根周围的土块应尽量沿根部平行的方向取出，直至露出根尖。为了除土方便又不损伤根系，可在前一天晚上浇湿土壤，以利第二天挖掘。此外，还有用水压、气压等方法清除土壤的。

(4) 绘图和摄影

在掘露根系的同时，必须进行细致的测量和绘图，以便了解根系的形态学特征或两个树种的根系之间的关系。为了使绘图准确，需要用带有方格标志的薄而透明的模板来进行根系的定位和测量。绘图包括水平和垂直两个方向，不同直径级的根系可用不同颜色的铅笔标明。对根系的某些特定部位可进行现场拍摄。为了了解根系形态、分布与土壤发生层次的关系，要同时绘出土壤各发生层次的深度，并标以 A 层、B 层等。

(5) 根量测定

待其他工作全部完成后，就可进行根量测定，可把各条根系按长度分为 10 等份，测量每份的长度和中央直径，按中央直径<0.5 mm，0.5~2.0 mm，2.0~5.0 mm，5.0~10.0 mm，10.0~20.0 mm，>20 mm 或 1~2 mm，2~3 mm，3~4 mm，4~5 mm，5~10 mm，10~20 mm，>20 mm 以及其他分级标准来分级，称鲜重，在 105℃ 烘箱中烘至恒重，求出各直径级的绝对干重、侧面积和体积。

挖掘法是应用最广的根系调查研究方法，可提供植物完整根系自然生长的清晰图像，对根长、形态、体积、质量、分布状况均可直接调查出来，还可观察到不同植株根系之间的竞争关系。在多石土壤或山地，挖掘法是进行根系研究的唯一有效方法，适用于乔灌木的根系测定和研究，但工作量相当大，为减轻工作量可用水平挖掘法或扇形挖掘法。另外挖掘法难于准确测定细根量。

5.4.2 整段标本法

本方法要求掘取土壤中整段标本,并通过冲洗使土壤和根系分离,常用于根系的定量测定,特别是对细根的水平和垂直分布的研究。本节主要介绍方形整段标本法(类似于卡钦斯基的土柱法)。

(1) 选择地点

整段标本法一般需要在多个地点进行研究,各个取样点的选择视研究目的而定。既要考虑取样的重复次数要求,也要考虑取样地点的空间变异。

(2) 挖掘

在选取地点挖掘一壕沟,长约 1 m,深度达根部的最大深度。然后,在壕沟侧壁上逐层割剥。通常样品是每 10 cm 深取一土层。样品的长宽可定为 1 m×1 m 或 0.5 m×0.5 m,主要视研究目的和工作量而定。把完整的样品放入容器,通过冲洗,使根系与土柱分离。

(3) 根量测定

通过冲洗、风干后,就可进行每层样品的根量测定。首先将根系按树种分开,分别将每条根按中央直径<0.5 mm,0.5~2.0 mm,2.0~5.0 mm,5.0~10.0 mm,10.0~20.0 mm,>20 mm 或 1~2 mm,2~3 mm,3~4 mm,4~5 mm,5~10 mm,10~20 mm,>20 mm 以及其他分级标准来分级,称鲜重,在 105℃ 烘箱中烘至恒重,求出各直径级的绝对干重。

实验 2 土壤理化性质调查及分析

土壤理化性质调查及分析

【实验目的】

(1) 掌握基本的森林群落土壤采样方法和仪器使用,以及常见的森林土壤理化性质分析方法。

(2) 认识天目山不同森林群落土壤理化性质的差异。

【仪器和工具】

土壤取样器(土钻、环刀)、铝盒、土壤筛(1 mm 孔径)、天平、玻塞广口瓶、塑料袋、记录笔、土壤原位 pH 计、地温计、POGO 土壤多参数仪和土壤硬度计、PHS-3C 型酸度计、土壤筛(孔径 1 mm)、50 mL 烧杯、玻璃棒、滤纸、削土刀、小铁铲、干燥器、烘箱、天平(感量 0.1 g 和 0.01 g)等。

【步骤与方法】

(1) 土样采集

根据植被、小气候、小地形、岩石和母质类型等因素,选择有代表性的地点,一般不以路边断面和人为影响较大的地方(如肥堆、陷阱、路旁等)设点观察或采集土样。可以按土壤类型或群落类型进行取土。每个类型选 3~5 个有代表性的标准样地进行取样。在每个样地内随机选取 10~15 个样点,用土钻取样。取样后装入封口袋中,标记好编号。每个样地取土样多少和取样深度依据具体研究目的而定,通常取样深度为 0~50 cm,可分层进行。用于测定土壤含水量的土样,应该装入铝盒称量(精确至 0.01 g)并记录。

(2) 用环刀法测表层土壤容重

用环刀取出土柱后放入塑料袋内密封,带回驻地用天平测重,再带回实验室在60℃烘干称量。

(3) 土样的风干

从野外采集的土样,首先要剔除土壤以外的杂物(如植物残体、昆虫尸体、石块等)和新生体(如铁锰结核和石灰结核等),之后尽快将其风干。为防止污染,晾干土壤的纸板上应该衬垫干净的白纸,尤其是供微量元素分析用的土样要用干净的白纸或硫酸纸衬垫,严禁使用旧报纸。当土样达到半干状态时,须及时将大土块捏碎,以免干后结成硬块而不易压碎,这对于黏性土壤尤为重要。应严禁曝晒,并防止酸、碱气体和灰尘对样品的污染。

(4) 土样的研磨与过筛

将风干的土样平铺在坚硬的塑料板上或放入研钵内,用木棒或陶瓷棒压碎。在风干和压碎过程中,随时将土样的植物残根、侵入体和新生体进一步剔除干净。如果捡出的石子或结核等物较多,应称其质量和折算出它们的百分率,并做好记录。根据研究目的选择合适孔径的土壤筛,将土样过筛,未通过筛子的土粒,必须重新压碎过筛,直至全部土样都通过筛孔为止。但石子切勿碾碎,应归入砾石中处理。过筛的土样用四分法将其分成两等份:一份供物理性状分析用;另一份供化学分析用。

(5) 土样的贮存

将过筛后的土样充分混匀后装入玻塞广口瓶或塑料袋中,内外各设一张标签,写明编号、采样地点、土壤名称、土壤深度、筛孔大小、采样日期和采样者等信息。所有土样都必须按编号用专册登记。

【结果与分析】

土壤理化指标的计算(表5-3)。以下列举几个常用土壤理化指标的测定和计算方法,更多方式方法可参照土壤分析相关专业书籍。

(1) 土壤含水量的测定

$$土壤含水量(\%)=\frac{m_2-m_1}{m_1}\times 100 \tag{5-2}$$

式中,m_1 为烘干土质量(g);m_2 为湿土质量(g)。

(2) 土壤 pH 值的测定

方法步骤:称取通过 1 mm 筛孔的风干土 10 g 两份,各放在 50 mL 的烧杯中,一份加无 CO_2 蒸馏水,另一份加 1 mol·L^{-1} KCl 溶液各 25 mL(此时土水比为 1:2.5,含有机质的土壤改为 1:5),间歇搅拌或摇动 30 min,放置 30 min 后用酸度计测定。或直接使用便携式土壤原位 pH 计进行测定。

(3) 土壤容重的测定

$$d=\frac{m\cdot 100}{V\cdot(100+W)} \tag{5-3}$$

式中,d 为土壤容重(g·cm^{-3});g 为环刀内湿土重(g);V 为环刀容积(cm^3);W 为样品含水量(%)。

(4) 土壤总孔隙度的计算

土壤总孔隙度一般不直接测定,而是用相对密度和容重计算求得。

$$土壤总孔隙度(\%) = \left(1 - \frac{容重}{相对密度}\right) \times 100 \quad (5\text{-}4)$$

如果未测定土壤相对密度,可采用土壤相对密度的平均值2.65来计算。

表5-3 土壤理化指标野外记录表

群落名称:　　　　　优势种:　　　　　调查地点:　　　　　土壤类型:
地理坐标:　　　　　组别:　　　　　　记录人:　　　　　　日期:

样点序号	土壤层次(cm)	重复	温度(℃)	含水量(%)	容重(g·m⁻³)	电导率(s·cm⁻¹)	pH	备注
1	0~10	1						
		2						
		3						
	10~20	1						
		2						
		3						
	20~30	1						
		2						
		3						
2	0~10	1						
		2						
		3						
	10~20	1						
		2						
		3						
	20~30	1						
		2						
		3						

案例2 天目山常绿阔叶林土壤养分的空间异质性

空间异质性(spatial heterogeneity)在各种尺度上普遍存在,从不同的尺度和不同层面上研究土壤的空间异质性是一个热点问题,其研究结果不但对了解土壤的形成过程结构和功能具有重要的理论意义,而且对了解植物与土壤的关系,如更新过程、养分和水分对根系的影响以及植物的空间格局等也具有重要的参考价值。研究表明：森林植被和土壤养分都具有明显的空间变异特征，而且土壤营养和水分的异质性是影响植物群落空间格局的重要因素，特别是在森林更新过程中，土壤有机质和土壤养分的有效性、土壤pH等与根系相互作用，影响种子的休眠、萌发与更新幼苗的发生格局。常绿阔叶林是中国亚热带地区最复杂、生产力最高、生物多样性最丰富的地带性植被类型之一，对保护环境、维持全球性碳循环平衡和人类可持续发展都具有极重要的作用，其土壤特性一直受到重视。

1. 研究方法

1.1 研究区概况

西天目山的土壤基本上属于亚热带红黄壤类型，随着海拔的升高逐渐向湿润的温带型过渡。海拔850 m以下为常绿阔叶林，其林下土壤主要为黄壤(分布在海拔600~1200 m)，土壤母质大部分是灰红色流纹状粗面斑岩；土层一般较薄，约30~70 cm，湿度大，腐殖质层厚15~30 cm；质地属轻黏壤土到中黏壤土，表层带有微团粒状至细粒状结构，极松脆，呈酸性反应，含石砾5%；土壤含有机质为3.7~88.0 g·kg^{-1}、全氮量0.2~4.3 g·kg^{-1}、有效磷0.53~2.05 mg·kg^{-1}、速效钾243.80~316.60 mg·kg^{-1}。

1.2 土壤样品采样

选择保存较完好的常绿阔叶林设置样地，样地大小为100 m×100 m。用相邻格子调查方法，把样地划分为100个10 m×10 m的调查单元。首先，在样地中心及四边确定9个点，然后在每个调查单元中心再各设置1个采样点。鉴于研究区土壤较薄，在所有109个采样点上取AB层土壤用于养分测定。样地布设及采样点平面位置如图5-5所示，其中1个采样点数据缺失。土壤养分数据包括有机质(g·kg^{-1})、全氮(g·kg^{-1})、碱解氮(mg·kg^{-1})、有效磷(mg·kg^{-1})和速效钾(mg·kg^{-1})。

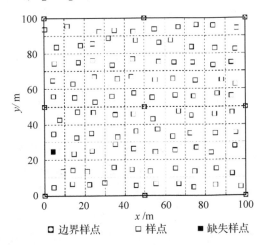

图5-5 样地及土壤养分采样点分布图(样点数 $n=109$，其中1个样点数据缺失)

1.3 土壤养分的空间异质性

采用以下公式所定义的半方差函数及其理论模型参数包括基台、变程和块金常用于分析各土壤养分的空间异质性：

$$\gamma(\hat{h}) = \frac{1}{2N(h)} \sum_{i=1}^{N(h)} [Z(x_i + h) - Z(x_i)]^2 \quad (5-5)$$

式中，$\gamma(\hat{h})$ 为半方差 $\gamma(h)$ 的估计值；h 为样本间距，又称为滞后距离；$N(h)$ 是间距为 h 的样本对；$Z(x_i)$ 和 $Z(x_i+h)$——区域化变量 $Z(x)$ 在点 x_i 和 x_i+h 上的值。

1.4 土壤养分的分形维数

半方差函数中的 h 和 $\gamma(\hat{h})$ 在双对数坐标的回归曲线可以确定土壤养分空间分形维数 D。它可以提供被研究对象空间格局的尺度及层次性和空间异质性在不同尺度间的相互关系等方面的信息。

$$D = \frac{4-m}{2} \quad (5-6)$$

式中，m 为双对数回归曲线的斜率。m 越大，分形维数越小，双对数半方差图的直线越陡，空间格局的空间依赖性就越强，结构性越好，空间格局相对简单，因此，可以统计分形维数分析不同尺度上生态因子的差异。

2. 结果与分析

2.1 土壤养分数据的统计分析及正态性检验

从表5-4可知：天目山常绿阔叶林土壤养分数据存在较大的变异，其中有机质变异系数最大，达到52.75%，其次为有效磷，全氮、水解氮和速效钾相对较低。

表5-4 数据基本统计量和正态性检验

变量	平均	标准差	变异系数(%)	最小值	最大值	P 值	对数变化后 P 值
有机质($g \cdot kg^{-1}$)	6.703	3.536	52.75	1.338	23.484	<0.010	0.016
全氮($g \cdot kg^{-1}$)	0.343	0.130	37.93	0.185	0.910	<0.010	0.087
碱解氮($mg \cdot kg^{-1}$)	368.600	105.300	28.56	214.100	740.100	<0.010	>0.150
有效磷($mg \cdot kg^{-1}$)	2.378	1093	45.96	0.691	6.576	<0.010	0.123
有效钾($mg \cdot kg^{-1}$)	126.930	33400	26.31	74.380	255.700	0.114	>0.150

2.2 土壤养分空间异质性分析

半方差分析要求样本间距 h 为最大采样间距的1/3或1/2内才具有统计意义，同时步长要求不小于最小采样间距。本研究样本间距 h 的变化范围取最大间距的1/2（即73.0 m），而步长取最小间距的2倍即8.4 m。考虑到土壤养分变量单位不同，将半方差进行标准化处理，即半方差与样本方差之比，使得空间异质性具有可比性。图5-6左边为土壤养分数据半方差函数图及理论模型模拟结果，土壤有机质和碱解氮可用指数模型拟合（exponential model），总氮和有效磷可用球状模型拟合（spherical model），而速效钾理论半方差函数模型为线性无基台模型。模型决定系数、残差和及模型参数见表5-5所示。

空间异质性由结构方差 C 和块金方差 C_0 组成。土壤有机质空间结构比 $C/(C_0+C)$ 等于 0.787，大于75%，表明天目山常绿阔叶林土壤有机质具有较强的空间自相关性；除速效钾外的其他种营养成分空间结构比在25%~75%，因此，空间自相关为中等程度。

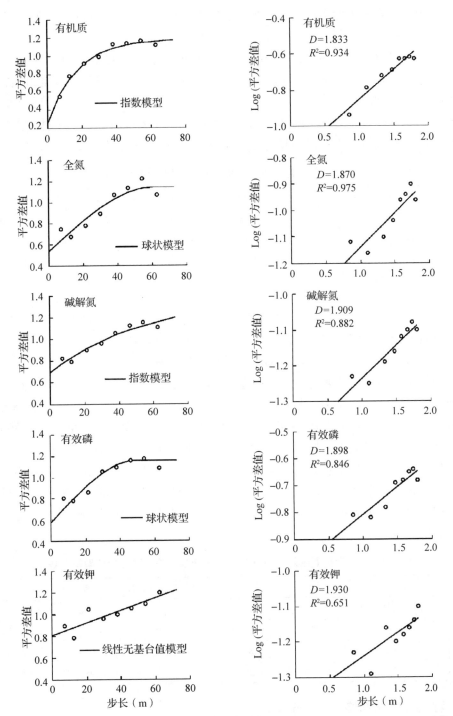

图 5-6 天目山常绿阔叶林土壤养分等方向半方差函数理论模型（左）及空间格局分形维数（右）

总体上空间结构比的大小顺序为有机质>全氮>有效磷≥碱解氮，与水曲柳人工林土壤养分空间结构比顺序大致相同，但水曲柳人工林全氮、碱解氮、有效磷均表现很强的空间相关性。说明不同森林类型土壤养分空间异质性有相似之处，但其组成存在较大的差异，因此，针对不同森林类型制定相应的管理措施是很有必要的。

空间异质性尺度方面，有机质、全氮、碱解氮、有效磷的空间自相关范围分别为50.7 m、60.7 m、169.5 m 和 50.2 m。可以看出，碱解氮的空间异质性尺度最大，而有效磷的空间异质性尺度最小，这与磷不易移动的特性有关。就氮而言，碱解氮的空间异质性尺度是全氮的 3 倍左右，而其空间结构比相当，因此，在天目山常绿阔叶林内不同氮素的消耗过程不同，有效氮对生态格局和过程作用的尺度大于全氮。

表 5-5 等方向土壤养分半方差函数理论模型及参数

变量	模型	块金	基台	变程（m）	空间结构比	决定系数	残差
有机质	指数模型	0.251	1.180	50.70	0.7872	0.980	0.0068
全氮	球状模型	0.535	1.143	60.70	0.5319	0.873	0.0370
碱解氮	指数模型	0.694	1.389	169.50	0.5003	0.928	0.0090
有效磷	球状模型	0.580	1.161	50.20	0.5004	0.916	0.0204
有效钾	线性无基台值模型	0.809				0.751	0.0285

除土壤有机质具有较小的块金外，全氮、碱解氮、有效磷均具有较大的块金效应，占总方差的 50% 左右，说明较小尺度上的某种过程不容忽视。

速效钾最优模型为线性无基台模型，基台不存在，故空间结构比也不明确，其 C_0 值在 5 种养分中最大，为 0.809，是否说明其空间异质性主要来自小尺度上的块金效应，将进一步分析。在此，保持 h 范围不变，分别以 1 倍最小采样间距、3 倍最小采样间距、4 倍最小采样间距和 5 倍最小采样间距作为步长，对速效钾进行半方差分析，见表 5-6。可以看出，1 倍采样间距依然为线性无基台模型；而 3 倍、4 倍、5 倍最小采样间距均表现为指数模型，且具有中等空间自相性，但空间异质性尺度存在较大差异。因此，天目山常绿阔叶林土壤速效钾在不同步长范围具有不同的空间变异特征，其空间变异较为复杂，随机效应不容忽视。

表 5-6 不同步长下速效钾等方向土壤养分半方差函数理论模型及参数

步长（m）	模型	块金	基台	变程（m）	空间结构比	决定系数	残差	分形维数
4.21	线性无基台值模型	0.818				0.526	0.1240	1.927
12.63	指数模型	0.316	1.066	29.4	0.704	0.872	0.0070	1.915
16.84	指数模型	0.540	1.158	63.9	0.534	0.950	0.0030	1.897
21.05	指数模型	0.346	1.102	41.7	0.686	0.983	0.0006	1.898

2.3 土壤养分空间分布格局分形分析

由图 5-6 可知，天目山土壤养分具有分形特征，分形维数大小依此为土壤速效钾、碱解氮和有效磷、全氮、有机质。土壤有效钾分形维数最大，为 1.930，明显将其与其他 4 种营养成分区分开。表 5-6 还表明，尽管合适的步长范围下有效钾具有中等空间相关，但其分形维数总体还是偏高。因此，说明有效钾的空间格局比较复杂，对尺度的依赖性比较大，在不同尺度下具有不同的格局。

土壤有机质分形维数最小，为 1.833，说明有机质空间格局的空间依赖性强，具有良好的结构性，这与有机质空间结构比最大，强空间自相关是一致的。有效磷和碱解氮的空间分形维数相当，其空间结构比也均为 0.5；全氮的分形维数低于有效磷和碱解氮，其空间结构比却比它们高，说明全氮的空间格局可能略好于有效磷和碱解氮。

图 5-7 为 5 种养分空间分布格局图，更加直观的揭示了它们空间格局的差异。虽然碱解氮和有效磷空间结构比相等，但分形维数之间的细微差异(相差 0.011)却揭示了两者空间格局的局部变异，这正是分形从局部出发揭示研究对象精细结构的优点。Lee 等指出在研究自然界结构或系统的空间格局时，解释产生该格局的基本过程是不可避免的，未知的细节可能对原因因子的理解很重要。

除速效钾外，其余几种养分的空间分布在东西、南北方向具有类似的特征，说明这些养分受地形影响较小。相关研究表明，速效钾没有明确的变异规律，且在不同尺度上表现出不同的空间自相关格局。本研究也表明，在不同的尺度上，天目山常绿阔叶林土壤速效钾具有不同的空间变异特征，因此，其不同尺度上变异特征的差异决定了其空间格局的复杂性。

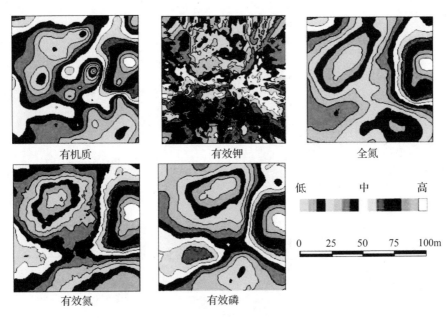

图 5-7 天目山常绿阔叶林土壤养分空间格局

3. 结论

本研究半方差理论分析天目山国家自然保护区常绿阔叶林土壤 5 种营养成分的空间异质性特征，主要得到以下几方面的结论：

土壤有机质和碱解氮的空间变异可由指数半方差模型揭示，总氮和有效磷可用球状半方差模型揭示。其中土壤有机质空间结构比 $C/(C_0+C)$ 为 0.787，具有较强的空间自相关性；碱解氮、全氮和有效磷空间自相关为中等程度。因此，其空间异质性主要由结构因素构成，对于自然保护区，人为干扰因素比较小，该区亚热带海洋暖湿气候条件、土壤母质、地形等结构因素可能会进一步增强养分的空间相关性。当然，块金占一定比例，特别是有效磷、全氮达到50%，说明在该自然保护区小尺度上的某种生态过程也不能忽视。

决定土壤养分空间格局的尺度以碱解氮最大，为 4.21~169.50 m，而有效磷的空间异质性尺度最小。这与磷不易移动的特性有关。

速效钾空间变异比较复杂，在不同步长范围内，揭示其空间异质性的参数不同，随机效应及小尺度上的生态过程应该引起重视。

5 种养分空间格局不同，其中有效钾的空间格局最复杂；全氮、有效磷、碱解氮次之；而有机质分形维数最小，空间格局的空间依赖性强。

森林土壤的物理性质、养分、森林更新乃至整个森林生态系统都具有空间异质性特征。天目山是重要的国家级自然保护区，研究结果将为摸清保护区常绿阔叶林下土壤养分循环提供参考，同时也为常绿阔叶的施肥、培育等经营措施提供理论依据。

第 6 章　森林水文过程的调查

随着水资源短缺问题的日益严重，科学家们越来越意识到水文过程对生态系统功能的重要影响。但以往的水文学研究对水文过程与生态系统植物群落变化与相互制约的规律与机理缺少研究。因此，在 20 世纪 80 年代，国外学者提出了生态水文学的概念，1992 年在都柏林召开的国际水环境大会上，首次把 Ingram 提出的科学术语 Eco-hydrology 提升为一门独立的学科即生态水文学。生态水文学是逐步发展起来的一门新兴学科，是现代水文科学与生态科学交叉中发展的一个亮点。

6.1　森林水文过程

森林水文以生态过程和生态格局的水文学机制为研究核心，以植物与水分关系为基础理论，将尺度问题贯穿于整个研究之中，研究对象涉及旱地、湿地、森林、草地、山地、湖泊与河流等，力求通过这一新的理论和方法实现水资源的合理与可持续利用。生态水文研究的目的是解释植被的生态过程与水文循环之间的联系，明确植被的水分交互作用如何影响物质的循环和能量交换。

森林生态系统一般从上到下可分为林冠层、枯落物层和土壤层 3 个层次，各个层次在生态水文过程中发挥了不同的作用，体现了重要的水文生态效益。森林生态水文过程是指在森林生态系统各个功能层次之间的水分分配和运动过程，包括林内降雨、降雨截持、树干流、枯落物截留、林地蒸散、土壤入渗和地表径流等。这类研究是传统森林水文学的主要内容，研究开展较早，成果相对充足，其目标在于揭示森林水文特征、为探讨水分运动过程机制提供基础资料，也是当前森林水文学研究中的一个重要方面。近些年来由于对了解水文过程机制和理解森林水文过程影响的迫切需求，对森林生态系统生态水文过程的研究越来越受到其他相关学科的关注。

林冠层是森林生态系统对水分传输有着重要作用的第一层，是调节降水分配和水分输入林内的重要过程，使林内的降水量、降雨强度和降雨分布等发生显著变化，直接影响水分在森林生态系统中的整个循环过程。降雨下落到植被层表面产生了第一次分配，分配为林内降水量、树干流量和林冠截流量 3 个分量。

枯落物层是指覆被在土壤表面的、由枯枝落叶和动物粪便及其残体组成的生态功能层，是森林生态系统中继林冠层、含根土壤层之后的另一个重要的垂直结构上的功能层。枯落物层在水文过程中的重要作用体现在：截留降雨、拦蓄地表径流、防止土壤水分蒸发和增加地表入渗量。

土壤层通过入渗、蓄纳等作用，对降水资源分配格局产生的影响最为明显，称为联系地表水与地下水的纽带，也是森林生态系统水分的主要储蓄库。土壤入渗是指水分进入土壤形成土壤水的过程，是降水、地面水、土壤水和地下水相互转化过程中的一个重要环节。土壤渗透性是十分重要的土壤物理学特征参数之一，土壤渗透直接影响着地表径流过程和土壤贮水过程，对水土流失、植物生长以及其他水文过程都有很强的调节作用。

6.2 森林水文过程观测主要内容

6.2.1 样地设置

(1) 标准监测样地设置

在对天目山国家级自然保护区内主要优势树种林分进行样地调查的基础上，选择生长良好、树种多样的典型林地，建立若干永久性固定标准地。以其中最具代表性的一块样地为长期定点观测样地（下称1号监测样地），在该样地旁搭建综合实验室作为数据采集中心，并在样地内和样地周边布设各种仪器设备，其他样地则作为补充观测样地。

(2) 核心区监测小样地

为研究不同树种的森林生态系统水文生态功能特征，在以综合实验室所在方位为中心的周边4 hm^{2}范围内选出分别以青冈、苦槠、小叶青冈、甜槠等天目山常见树种为优势树种的典型林分（具体数目以研究目标而定），设立若干10 m×10 m的小型监测样地，将主要观测仪器布设在小型监测样地内。

6.2.2 监测项目与方法

(1) 气象因子监测

①林外气象因子监测　在1号监测样地50 m外的空旷地建立综合气象观测站。在气象站内空旷地面采用LPM激光雨滴谱仪进行林外降雨监测。同时利用激光雨谱仪配套的自动气象站监测空气温度（℃）、空气相对湿度（%）、风速（m·s^{-1}）和风向等，数据采集密度设置为每分钟1次。同时，林外自动气象站（HOBO）同步测定净辐射（W·m^{-2}）、空气温度（℃）、空气相对湿度（%）、水面蒸发（mm）、风速（m·s^{-1}）和风向等，数据采集密度设置为每15分钟1次。

②林内气象站　在1号监测样地林下设立LPM激光雨滴谱仪对比观测林内的雨滴谱分布规律。采用Dynamet-1K小型气象站同步测定林内降水量（mm）、净辐射W·m^{-2}）、空气温度（℃）、空气相对湿度（%）、水面蒸发（mm）、风速（m·s^{-1}）和风向等指标，数据采集密度设置为每15分钟1次。

(2) 植被特征调查

①标准地调查　在所有标准地内进行综合调查，分别对其标准地面积、乔木层、灌木层等进行调查记录。乔木层调查以20 m×20 m为最小调查单元，在样地内对乔木进行每株

定位并调查每株的树种、胸径、树高、第一枝下高、冠幅、树冠形态、生长状况、病虫害状况等指标;灌木层调查在每个 20 m×20 m 乔木单元内的 4 个角及中心部分共取 5 个 5 m×5 m 的样方,调查灌木的种类、高度、盖度、地径、株数、优势度、生长状况、病虫害状况、分布状况等指标;草本层调查在每个 5 m×5 m 的灌木样方内随机取 3 个 1 m×1 m 的小样方,调查内容包括种类高度、盖度、地径、株数、优势度、生长状况、病虫害状况和分布状况等指标。

②叶面积指数测定　叶面积指数测定采用植物冠层图像分析仪进行测定,在林下随机测定各个林分的叶面积指数和郁闭度,以得到不同树种林分郁闭度与叶面积指数间的对应关系。同时在整年内的每月月初用植物冠层图像分析仪在永久性监测样地的 Trime 管上方进行叶面积指数的巡回测定,以观测不同树种林分叶面积指数的全年变化情况。在树木生长季利用在所有林下雨量筒、土壤蒸发、枯落物蒸发测点处进行测定,作为生长季的叶面积指数代表值。

③乔木边材面积测定　在所设定的固定监测样地内选择不同径级的若干种代表性树种(青冈、苦槠、小叶青冈、甜槠等,具体种数依研究目标而定)各 10 株,用生长锥在距离地面 1.3 m 树干处按东—西、南—北两个方向分别钻取木芯,区分边材与心材,用游标卡尺测量不同树种各样树的边材、心材长度,同时测定各树木年龄。

(3)林冠截留测定

①林内降雨的测定　在设定的各典型林分监测小样地内随机布设 3 个雨量筒,以及 2 个自制雨量槽来对林内降水量进行测定。雨量筒选用桶口直径为 26 cm 的塑料桶。雨量槽规格为长 120 cm、宽 13 cm、高 35 cm,底部为沟槽形。在雨量槽底部铺设窗纱来防止出水口堵塞,下方用铁制支架固定。降雨流入水槽后经底部汇集从出水口沿塑料导管流入集水桶或自记式雨量计中。每次降雨后用量筒测定雨量筒和雨量槽中收集的雨水体积,雨水体积与收集装置的受雨面积相除即可求得相应测点的林内降水量,将同一样地内各测点测得数值平均,最终得出该树种森林系统每次的林内降水量值。

②树干流量的测定　在典型林分监测小样地内按树木径级各选择 3~5 株有代表性的样树,用长 1.5 m、直径 3.0 cm 的橡胶管剖开后从树干上部缠绕至基部,将橡胶管下方树皮修平后用铁钉将其固定并用薄橡胶皮密封以防止漏水,在橡胶管下方连接集水桶,在每次降雨后及时用量筒测定集水桶中的水量。

③相关指标计算

林冠截留量的计算公式为:

$$I = P_O - P_i - G \tag{6-1}$$

式中,I 为林冠截留量(mm);P_O 为林外降水量(mm);P_i 为林内降水量(mm);G 为树干流量(mm)。

树干流量的计算公式为:

$$G = \frac{1}{M} \sum_{i=1}^{n} \frac{G_n}{K_n} M_n \tag{6-2}$$

式中，G 为树干流量(mm)；M 为单位面积上的树木株数；G_n 为每一径级的树干流量(mm)；K_n 为每一径级的树冠平均投影面积(cm^2)；n 为各径级数；M_n 为每一径级的树木株数。

④枯落物测定　枯落物的厚度和现存量调查：在各树种林分样地内用钢尺测量枯落物层总厚度，在 1 m×1 m 范围内分未分解层和半分解层取出并装入牛皮纸袋中带回，经称量后在烘箱内设置 70℃烘干后再称其干重。称量工具为精度 0.1 g 的电子天平。

枯落物持水测定：用室内浸泡法测定林下枯落物的持水量及其吸水速度。将烘干后的枯落物装入自制尼龙网里浸入水中，分别在 15 min、30 min、1 h、2 h、4 h、6 h、8 h、10 h 和 24 h 后取出，沥水至没有水滴滴落为止，用精度为 0.1 g 的电子天平称量。每次去称量后所得的枯落物湿重与其干重差值，即为枯落物浸水不同时间的持水量。

枯落物自然含水率动态测定：制作 0.5 m×0.5 m×0.2 m 的正方形枯落物筐，骨架为 0.3 cm 铁丝编成，四周和底面用窗纱围成，为防止枯落物碎屑掉出，在底部加铺一层窗纱。在若干种不同林分样地的林下取一定面积样地上的枯落物，尽量不破坏其结构，按实际厚度和设计的变化厚度放入筐中(半分解层在下，未分解层在上)，筐上加套窗纱盖以防枯落物和其他杂物掉入筐内。将枯落物筐分不同种类、厚度布设在设定好的若干种林分监测小样地内和林外气象站裸地内。为更好地模拟实际情况，布设时先将 0.5 m×0.5 m 范围内原有地表枯落物小心剥离，再将枯落物筐嵌入其中。生长季内每天上午 8:00 和下午 5:00 左右分别用精度为 0.1 g 的电子弹簧秤对枯落物筐进行称量，生长季结束后将所有筐中枯落物取出在烘箱中 70℃烘干后再称其干重，经过换算即可得出枯落物自然状态含水率的动态变化情况。

枯落物减流减沙能力测定：在设定好的若干永久样地内分层次取各典型树种的枯落物，分别按为分解层 5 cm、半分解层 5 cm 的厚度铺设在宽为 15 cm、深为 15 cm 长为 200 cm 的铁皮水槽内。在室内将水槽按一定坡度倾斜放置，用人工降雨的方式进行模拟冲刷。将雨强控制在 60 mm·h^{-1}，分别测定坡度为 5°、10°和 15°情况下的产流时间和径流速率。测定枯落物减沙效果是在上述相同条件下，在枯落物层之下的土槽中放置有原状土的土壤取样器，放水后用容器承接流出的径流，测定 1 h 时间内产生的径流总量和泥沙总量。用以上方法分别测定设定好的若干种典型树种枯落物的阻滞径流和削减径流泥沙的功能，并与无枯落物情况进行对比。

⑤蒸散测定　蒸散作用的测定包括乔木蒸腾、林下灌木蒸腾、枯落物蒸发和土壤蒸发 4 个部分。

乔木蒸腾：热扩散式液流计是利用 Grainer 热扩散传感器(Thermal Dissipation Probe，TDP)原理，把两根热电偶探针直接插入边材，上面的探针包含一个电加热器，下面的探针作为参照。传感器测量加热探针和其下面边材温度之间的差异。根据 dT(探针间的温差)变量和 0 流速时的 dT_{max}(最大温差)可以直接转换为液流速度，再根据边材面积，求出茎流通量。这一测定可采用 SF-L 型热扩散式液流计，其与 Grainer 热扩散式液流计的区别在于在上部探针两边各增加了一个热电偶，用于测定未加热状态的树干自然温度梯度。另外，SF-L型热扩散式液流计也能够测定夜间液流速度。

在春季将若干组(视研究目标而定)热扩散式探针安装在各典型树种林分小样地内不同径级的样木树干上，连续监测树干液流速度，分析计算液流通量。常规树干液流监测每典型树种各取3株，每株一组探针，统一安装在被测木树干正北方向，高1.3 m。具体计算时采用每个树种3株样木所测得的树干液流速率算数平均值来代表该树种的蒸腾特征。用只能可编程数据采集器(DT80)进行数据采集，采集步长为30 min。定期(每隔7 d)采用笔记本电脑下载收集原始数据。

林下灌木蒸腾：林下灌木蒸腾采用EMS62包裹式茎流计(Enviromental Measuring System，BRNO，Czech Republic)测定的枝条液流量来推求灌木的蒸腾。在样地中选择典型灌木树种样株，在样株上选择合适的标准枝，测定标准枝的枝干液流。

枯落物蒸发：用上文描述过的每日枯落物自然含水率测定方法来推算每日枯落物蒸发量，并在典型日测定枯落物蒸发日变化过程。

土壤蒸发：采用微型蒸渗仪(Microlysimeter)来测定土壤增发量，微型蒸渗仪内筒用不锈钢管制成，高20 cm，内径11 cm，表面积95.0 cm^2，备有内径稍大、白铁皮制成的有底外套筒。测定时将内筒竖直紧贴土壤，上垫木板用胶皮锤将其敲入直至内筒留0.5 cm露出地面为止，之后将内筒连土小心挖出并削去底部多余的土壤，将内筒放入外套筒中，用聚乙烯胶带封住内外筒缝隙以免进土。用精度为0.1 g的电子天平称量，再将其埋入土中，保持筒内外土壤面平齐，其中一部分还需要在上方覆被原装枯落物。生长季内每天8:00和17:00左右分别称量一次，两次结果的差值可换算成土壤蒸发量。由于微型蒸渗仪隔绝了土壤侧向和底部的水分交换，会出现时间越长与周围土壤水分特征差异越大的情况，为了减少由这种原因造成的误差，需要每隔1~2 d更换筒内的原状土，雨后应立即更换新土。

测定土壤蒸发的微型蒸渗仪在典型树种林分小样地及气象站内各布设2个，每处布设的2个微型蒸渗仪分别进行无枯落物覆被和有原状枯落物覆被处理。

⑥土壤特征测定

土壤物理性质调查：在典型树种林分小样地内以及其他天目山样地的坡上、坡中、坡下，进行土壤剖面综合调查与取样。同时手持罗盘仪测定每个样点的坡向和坡度，采用GPS测定经纬度、海拔。剖面调查包括土层厚度、植被概况、母质类型以及各土壤分层的颜色、质地、紧实度、石砾含量、根系密度等常规指标。

在深度0~10 cm、10~20 cm、20~40 cm、40~60 cm以及60 cm以下分层次用环刀在剖面上取原状土样，每个层次取3个重复。在室内测定土壤水分物理性质、土壤石砾含量及土壤机械组成等指标。

土壤水分特征曲线：土壤水分特征曲线的测定采用离心机法，建议选用的仪器为日本Kokusan公司生产的H-1400pF落地式土壤用高速冷冻离心机。先用离心机配套的标准取样环刀在野外对各个剖面的土壤进行分层取样，然后将其在室内浸水处理24 h后放入离心机中，按仪器说明书由小到大设置不同转速和时间，每次旋转前后用精度为0.01 g的电子天平称量土壤的质量变化情况，离心处理后还需要将土样烘干求得土壤容重。实验完成后可推算出不同水势下的土壤含水率，并拟合求出土壤水分特征曲线的相关参数，用这种方法得出的为土壤的脱湿曲线。

土壤水分入渗特征：用双环法测定各树种林分小样地的土壤表层水分入渗规律，内环直径为7.5 cm，外环直径为15 cm。测定和计算方法采用国家林业行业标准《森林土壤水分-物理性质的测定》(LY/T 1215—1999)和《森林土壤渗滤率的测定》(LY/T 1218—1999)。

土壤体积含水率：土壤含水率的动态监测可采用德国生产的TRIME-T3型管状土壤含水量测试仪测定。测量前先将1 m长的探管用仪器自带专用设备埋入土壤中，实际埋深包括全部土层和一段疏松母质层，探管外壁套一橡胶圈与土壤表层紧贴以防水分沿管壁流下影响测定结果，非测量时间要在管口盖塑料盖以防进水。测定时将仪器T3管状探头用数据线连接掌上电脑(PDA)，将探头分不同深度插入探管中，用PDA操作测定，仪器每次测定的土壤含水量是与T3管状探头对应的20 cm范围内的土壤含水率值。这种测定方法具有测点固定、对土壤破坏较小、测定方便、可操作性强等特点，适合进行长期定点观测。

在核心观测区的典型树种林分小样地中心各埋设1 m长的探管1根，在除1号样地外的其他补充观测样地内分坡上、坡中、坡下各埋下1根1 m长的探管。定点分层测定各样地的土壤含水量动态变化，非生长季每月巡回测定一次，生长季每3~5 d巡回测定一次，测定时探头每向下移动5 cm记录一次土壤含水率。

另外，在核心区各典型树种林分小样地内的TRIME探管附近，按土壤深度5 cm和15 cm各设置5TE土壤三参数(土壤温度、土壤体积含水量、土壤导电率)和土壤水势探头，并配以EM50数采，可每隔15 min测定一次土壤参数值变化。

(4)数据计算与结果分析

整理所测得的各项样地数据，对天目山国家级自然保护区森林生态水文现状进行分析，阐述林冠层、枯落物层和土壤层的水文过程与功能以及植被蒸腾与土壤蒸发情况。

实验3　枯枝落叶持水性调查

【实验目的】

(1)掌握森林群落枯枝落叶层持水性调查和分析的方法。

(2)比较不同森林群落枯枝落叶层次持水性的差异。

【仪器和工具】

测绳、收集带、塑料绳、记录本、塑料盆、烘箱等。

【步骤与方法】

在天目山固定样地周边(老殿、一里亭、仙人顶等3个1 hm² 样地周边)。

(1)枯落物收集

选择所调查的林木树种、选择有代表性的地段设置样方(乔木5 m×5 m，灌木2 m×

2 m，草本 1 m×1 m），在每个乔木林和灌木林样方内设 2 个 1 m×1 m 小样方，在每个小样方内沿对角线一分为 4 个部分，在草本样方内直接沿对角线一分为四，选取对角的 2 个部分分为枯落物未分解层、半分解层、完全分解层 3 个层次收集枯落物，并在每个收集袋上进行编号。

(2) 枯落物浸泡

将每个样方的凋落物带回实验室放在塑料盆或塑料桶内浸泡，浸泡过程中应注意使所有的枯落物放置于水面以下，并在水位下降后，及时加水，持续浸泡 24 h 后，取出称重。

(3) 烘干枯落物

将称重后的枯落物放入 85℃ 烘干箱烘至恒重后称重，计算持水量、持水率等指标。

【结果与分析】

依以下公式计算得出凋落物的持水量与持水率：

$$凋落物持水量 = 浸水后重 - 烘干后重 \tag{6-3}$$

$$凋落物持水率 = (浸水后重 - 烘干后重)/烘干后重 \tag{6-4}$$

案例 3 天目山森林土壤的水文生态效应

1. 调查研究方法

调查研究内容包括森林植被（乔木、灌木和草本）、森林枯落物（层）和森林土壤（矿质层）3 个部分。该研究着重在后两部分。野外工作于 1986—1987 两年完成。按照国内外常规方法进行调查研究。限于地形地势的影响，对林分（包括乔、灌、草）、森林枯落物（层）、森林土壤（矿质层）等样地的选择，采用随机抽样和机械选样相结合的方法。

由于地形起伏显著，森林类型和土壤的变化较大，每一森林类型设置样地 1~2 个，共设有 19 块，每块样地面积为 10 m×20 m 或 10 m×10 m。选定土坡取样点 3 处，共计 57 个。土坑深度为 6 m，每隔 20 cm 用环刀采取土壤样品 2 份供分析。当天测定土壤的自然含水率与饱和持水量，其他因子（表 6-1、表 6-2）在实验室测试计算，其持水量是根据孔隙度求出的。对无林地土壤（荒草地）也进行调查，藉以和有林地的土壤进行比较。在每一森林样地内设置 1 m×1 m 样方 3 个，共计 57 个。分别测定枯落物的现存量、组成成分、自然含水率、持水率、持水量。后 2 项用水浸法进行，持续时间为 24 h。

2. 结果分析

(1) 森林枯落物（层）的水文生态效应

天目山森林内森林枯落物的水文生态效应，主要受森林枯落物现存量、组成成分、自然含水率、持水率和持水量（即降水截留量）的影响。

①天目山森林枯落物的组成成分（表 6-1），在各类森林中，均以落叶为主，平均为 88.4%，其中黄山松林的枯落物中落叶约占 95.0%，在落叶阔叶林（茅栗林）中约占 93.0%，占比例最少的柳杉林也有 66.0%。其他如枯枝，松树的雄花、球果，栎类的壳斗等，也常占一定比例。

表 6-1 天目山不同森林类型林分的特征及其枯落物(层)的性能

森林类型		样地林分特性			森林枯落物(层)						
		海拔高度(m)	密度(株·hm^{-2})	郁闭度(或盖度)	组成成分(%)			现存量(t·hm^{-2})	持水性能		
					叶	枝	花果		自然含水率(%)	持水率(%)	有效持水率(t·hm^{-2})
常绿阔叶林[1]		330	1200	0.70	—	—	—	—	—	—	—
常绿落叶阔叶混交林		1155、1160	1324	0.85	88.04	10.41	1.56	21.99	53.34	366.64	49.07
落叶阔叶林(茅栗林)		1170	949	0.90	93.16	6.84	—	10.36	54.26	366.64	26.66
山顶矮丛		1460	1190	0.85	87.14	12.86	—	15.13	40.31	362.75	40.55
山顶灌丛林		1480	—	0.95	92.28	7.72	—	12.00	46.33	386.08	33.82
针叶林	马尾松林	390	749	0.70	92.28	4.77	2.95	15.97	61.17	302.34	31.27
	杉木林	690	2100	0.80	—	—	—	6.83	—	—	—
	柳杉林[2]	1130	225	0.90	66.21	32.35	1.45	20.81	53.32	305.47	43.69
	金钱松林	1100	849	0.60	90.71	9.30	—	21.56	51.80	366.86	55.72
	黄山松林	1130	1174	0.75	94.67	4.45	0.88	15.94	42.45	356.46	41.14
针阔混交林[3]		640	999	0.70	89.14	6.81	4.05	26.21	63.46	291.63	48.35
毛竹林		815、510	3047	0.8	90.43	9.57	—	13.58	35.63	269.11	25.65
荒草地		—	—	1.00	—	—	—	—	—	—	—
平均值					88.40	10.50	1.10	16.40	50.21	333.26	39.59

注:1. 林下枯落物(层)拾取殆尽;2. 人为干扰严重;3. 该类林分主要由杉木、木荷、枫香等树种组成。

②天目山不同森林类型枯落物的现存量,显然受林分组成、树种生物学特性的影响,也与其林分结构、密度以及灌木、草本植物的覆盖度有关。组成树种不同,其枯枝落叶数量、分解速率、持水率、持水量等均不相同。从表 6-1 中可以理出如下顺序:针阔混交林>常绿落叶阔叶混交林>金钱松林>柳杉林>马尾松林>黄山松林>山顶矮林>毛竹林>山顶灌丛林>落叶阔叶林(茅栗林)。不同森林类型枯落物的现存量,平均为 16.4 t·hm^{-2}。

③西天目山不同森林类型枯落物的自然含水率、持水率和持水量(表 6-1),均与森林枯落物的组成成分、特性,质地和分解程度有关。而自然含水率在较大程度上受其所处环境中湿度条件的制约。持水量的大小则更多地受森林枯落物现存量和持水率的影响。

天目山各森林类型枯落物的自然含水率平均为50.1%。其持水率平均为333.3%，其持水量平均值39.6 t·hm^{-2}，其大小顺序为：金钱松林>常绿落叶阔叶混交林>针阔混交林>柳杉林>黄山松林>山顶矮林>山顶灌丛林>马尾松林>落叶阔叶林(茅栗林)>毛竹林。

(2)森林土壤(矿质层)的水文生态效应

森林土壤(矿质层)的水文生态效应，常因森林类型而不同；而森林土壤的物理性质，特别是土壤的结构和孔隙度，对水文生态效应具有显著的影响。

①天目山森林土壤的主要物理性能，如容重和比重，在60 cm深的土层内，有随深度而增大的趋势。保持天然状态的森林土壤，结构良好，其容重常小于1.0，而人为干扰严重的(如马尾松林、常绿阔叶林)和非林地(荒草地)土壤，其容重常大于1.0(表6-2)。森林土壤的孔隙度(包括毛管孔隙、非毛管孔隙和总孔隙)，在天然状态下均随深度增加而逐渐减少，但受人为干扰严重的及非森林土壤，则出现较大的变异(表6-2)。

②天目山森林土壤的吸湿水(重量或容积)和毛管水(容积)的含量(%)，在60 cm深度范围内，由上而下有逐渐降低的趋势，但人为破坏严重的(如马尾松林等)或非森林土壤(荒草地)，其吸湿水含量往往与上述情况相反。毛管水的含量，受人为干扰的，其变异性也大(表6-2)。森林土壤自然水的含量(容积%)，由上而下有逐渐增高的趋势，但人为影响严重的则有较大的变异(表6-2)。

③天目山森林土壤(矿质层)蓄水性能，主要受土壤结构和孔隙度的制约。其毛管孔隙度均大于非毛管孔隙度，在60 cm土层深度的范围内，各类森林土壤的毛管持水量，在静态情况下，均大于非毛管孔隙度的持水量。森林土壤毛管孔隙的平均持水量为2777.35 t·hm^{-2}，非毛管孔隙的平均持水量为1177.90 t·hm^{-2}。各森林类型土壤的持水量均不相同(表6-2)。

表6-2 天目山森林土坡的孔隙度及其持水量

森林类型		毛管孔隙		非毛管孔隙		总孔隙	
		孔隙度(%)	持水量(%)	孔隙度(%)	持水量(%)	孔隙度(%)	持水量(%)
常绿阔叶林		35.47	2128.2	24.90	1494.0	60.37	3622.2
常绿落叶阔叶混交林		49.45	2967.0	26.12	1567.2	75.57	4534.2
落叶阔叶林(茅栗林)		50.58	3034.8	21.47	1288.3	72.05	4323.1
山顶矮丛		53.01	3180.6	20.89	1253.6	73.90	4434.1
山顶灌丛林		51.52	3091.2	21.13	1267.8	72.65	4359.0
针叶林	马尾松林	50.47	3028.2	8.23	493.8	58.70	3522.0
	杉木林	38.76	2325.6	14.57	874.2	53.33	3199.0
	柳杉林	40.07	2402.2	15.20	912.0	55.27	3316.2
	金钱松林	51.53	3091.8	20.20	1212.0	71.73	4303.8
	黄山松林	47.10	2826.0	21.10	1266.0	68.20	4092.0

(续)

森林类型	毛管孔隙		非毛管孔隙		总孔隙	
	孔隙度(%)	持水量(%)	孔隙度(%)	持水量(%)	孔隙度(%)	持水量(%)
针阔混交林	41.73	2503.8	24.04	1442.4	65.77	3946.2
毛竹林	45.78	2746.9	17.73	1064.0	63.52	3810.9
荒草地	46.19	2771.9	6.49	389.4	52.69	3160.9
平均值 森林	46.29	2777.35	19.63	1177.9	65.92	3955.23
平均值 森林+草地	46.28	2776.9	18.60	1117.3	64.9	3894.2

注：表中所列持水量的数值，均系指土层60 cm深度范围内所含的水分。

表 6-3 天目山森林土壤(矿质层)的主要物理性能

森林类型	土层深度(cm)	容重	比重	总孔隙度(%)	吸湿水(重%)	吸湿水[(容/15)%]	自然水(%)	毛管水(%)
常绿阔叶林	0~20	0.920	—	—	—	1.80	20.61	10.98
	20~40	1.041	—	—	—	1.41	19.39	13.01
	40~60	1.189	—	—	—	1.75	25.63	11.82
常绿落叶阔叶混交林	0~20	0.358	2.344	85.11	41.04	10.03	22.33	15.10
	20~40	0.693	2.226	70.51	19.06	8.43	33.87	9.05
	40~60	0.765	2.660	71.08	18.52	9.43	34.16	7.64
落叶阔叶林(茅栗林)	0~20	0.587	2.459	76.13	21.33	8.35	25.18	12.83
	20~40	0.631	2.523	74.99	20.43	8.59	23.80	16.38
	40~60	0.905	2.589	65.04	15.77	9.51	32.05	10.10
山顶矮丛	0~20	0.510	2.384	78.61	31.93	10.85	27.73	17.53
	20~40	0.612	2.496	75.48	30.08	12.27	25.60	14.60
	40~60	0.796	2.459	67.63	14.59	7.74	30.83	11.88
山顶灌丛林	0~20	0.488	2.376	79.46	30.29	9.85	28.18	16.83
	20~40	0.734	2.561	71.34	15.34	7.51	34.80	9.08
	40~60	0.848	2.582	67.16	9.18	5.14	32.93	10.20

（续）

森林类型		土层深度（cm）	容重	比重	总孔隙度（%）	吸湿水（重%）	吸湿水[(容/15)%]	自然水（%）	毛管水（%）
针叶林	马尾松林	0~20	1.111	2.715	59.08	7.01	5.19	54.73	6.05
		20~40	1.150	2.756	58.27	7.16	5.49	16.85	14.48
		40~60	1.176	2.719	56.75	9.00	7.05	36.18	12.80
	杉木林	0~20	0.697	—	76.15	—	3.53	28.14	101.2
		20~40	0.920		54.78		2.55	19.15	11.38
		40~60	1.081		48.88		2.54	24.27	14.41
	柳杉林	0~20	0.579	2.389	75.81	40.43	15.50	25.47	12.64
		20~40	1.120	2.651	57.75	22.03	8.14	30.92	6.58
		40~60	1.135	2.579	56.28	8.74	6.28	32.94	5.85
	金钱松林	0~20	0.625	2.487	74.90	24.53	10.20	26.96	14.89
		20~40	0.664	2.564	71.13	24.32	10.69	24.95	16.12
		40~60	0.877	2.591	66.16	17.93	10.18	29.91	10.71
	黄山松林	0~20	0.534	2.481	78.05	15.65	5.45	25.82	19.00
		20~40	0.934	2.598	64.09	15.30	9.52	30.78	8.61
		40~60	0.999	2.632	62.02	11.27	7.52	30.58	11.52
针阔混交林[1]		0~20	0.697	2.538	72.54	11.66	5.28	17.50	20.10
		20~40	0.952	2.634	63.86	10.59	6.72	22.30	13.83
		40~60	1.098	2.809	60.91	8.08	5.91	27.90	5.65
毛竹林		0~20	0.867	2.585	66.78	12.44	6.74	25.86	15.60
		20~40	0.875	2.527	65.53	133.75	7.25	22.12	14.73
		40~60	1.077	2.616	58.25	4.86	3.42	20.14	21.25
荒草地		0~20	1.229	2.640	53.45	4.84	3.97	36.00	8.35
		20~40	1.270	2.680	52.61	5.24	4.43	33.95	6.95
		40~60	1.300	2.700	51.85	6.50	5.63	33.15	6.15

注：1. 该类林分主要由杉木、木荷、枫香等树种组成。

表6-4 天目山森林土壤总持水量

森林类型	森林枯落物(层)持水量	森林土壤(矿质层)持水量	森林土壤总持水量
常绿阔叶林	—	3622.2	3622.20
常绿落叶阔叶混交林	49.07	4534.2	4583.27
落叶阔叶林(茅栗林)	26.66	4323.1	4349.76
山顶矮丛	40.55	4434.1	4474.65
山顶灌丛林	33.82	4359.0	4392.82

(续)

森林类型		森林枯落物(层)持水量	森林土壤(矿质层)持水量	森林土壤总持水量
针叶林	马尾松林	31.27	3522.0	3553.27
	杉木林	—	3199.0	3199.00
	柳杉林	43.69	3116.2	3359.89
	金钱松林	55.72	4303.8	4359.50
	黄山松林	41.14	4092.0	4136.24
针阔混交林		48.35	3946.2	3994.55
毛竹林		25.65	3810.9	3836.55
荒草地		—	3160.9	3160.90

天目山不同森林类型土壤的持水量，均大于非林地土壤。在各森林类型中，其持水总量的大小和土壤总孔隙度基本上趋于一致(表6-3、表6-4)，即：常绿落叶阔叶混交林>山顶矮林>山顶灌丛林>落叶阔叶林(茅栗林)>金钱松林>黄山松林>针阔混交林>毛竹林>常绿阔叶林>马尾松林>柳杉林>杉木林>荒草地。

(3) 天目山森林土壤水文生态效应的评价

①天目山不同森林类型中的枯落物现存量，平均值为 16.4 t·hm^{-2}，它们能有效地防止或减轻风雨直接冲击和侵蚀土壤。在阴雨(包括暴雨)天气，能吸收和截留一定数量的降水，其有效平均值达 39.6 t·hm^{-2}。而超过其饱和持水量的水分，就缓慢地渗入到土壤中，很少产生地表径流。在天气干旱或疾风吹袭时，又能减少土壤水分的丧失，这种作用在山丘地区更显得重要。此外，森林枯落物为动植物、菌类等的生长繁育，提供了良好的环境条件。

②天目山森林土壤(矿质层)的蓄水性能，受气候、地貌、母岩、生物等多种因素的影响，而森林土壤的结构和孔隙度，特别是非毛管孔隙的数量，是森林土壤保储和调节水分的重要条件。森林土壤，特别在 60 cm 以内的层次中，植物根系密布，动物洞穴交错，有机质成分丰富，特别在没有或人为干扰不多的天然林中，土壤发育良好，团粒结构占有较大比重，其毛管孔隙度平均为 46.3%(占总孔隙度的 71.5%)。非毛管孔隙度平均为 19.6%(占总孔隙度的 28.5%)。这样，一方面可以稳定地保证森林生物生长过程中所需要的大量水分(毛管水)，同时林地上某些时间内过多的降水量，可以经由非毛管孔隙不停地下渗到土壤的深层或岩石的裂缝中或补充到亏缺的地下水层中去。因此，森林土壤的蓄水、保水和调节径流的潜力是极大的。

③从表6-4可以计算出，不同森林类型的土壤，在静态情况下总蓄水量(0~60 cm 土层内)的平均值为 3978.15 t·hm^{-2}(397.82 mm·hm^{-2})，约为西天目山山顶和山麓年平均降水量 1651.15 mm 的 24.09%。在总蓄水量中，森林枯落物对降水的截留量仅占总量的 1.0%(占年平均降水量的 2.4%)，这些水分在雨过之后大都蒸散消失。在矿质层土壤中，毛管孔隙持水量占总蓄水量的 69.82%(占年平均降水量的 16.82%)，这部分水分所占比

例较大,而且在土壤中基本是稳定的,非毛管孔隙持水量占总蓄水量的29.61%(占年平均降水量的7.13%),非毛管孔隙对降水的蓄存量总是动态的,也是无限量的。从这个意义上说,天目山地区绝大部分降水,经由森林枯落物(层)缓缓地渗入土壤中,除满足森林生物生活的需要和地表蒸散外,其余部分则成为天目山区大小溪流的水源。

第7章 植物种群生态学调查

7.1 植物种群空间分布格局

7.1.1 种群空间分布格局类型

种群空间分布格局是指种群个体在其生活空间中的配置状态或布局。分布格局包括集聚分布(clumped distribution)、均匀分布(regular distribution)和随机分布(random distribution)3种基本类型。

(1)集聚分布

集聚分布指种群内个体分布不均匀,在空间内成群、成簇或者成斑块状分布,这也是自然情况下大多数植物种群的分布格局。植物集聚分布通常是由于土壤不均匀、种群繁殖的特性、种子的传播方式和植物分泌物影响等原因导致的。

(2)均匀分布

均匀分布指个体在空间内等距或近似等距分布。植物种群的均匀分布一般是由于病虫害、种内竞争、优势种呈均匀分布而使其伴生植物也呈均匀分布、地形或土壤的均匀分布和自毒现象(autotoxin)等原因导致的。

(3)随机分布

随机分布指个体分布完全和统计概率相符合,每个个体的出现都有同等的机会,这种分布在自然界中不常见。只有当环境因素对于很多个体的作用都几乎等同或某一主要因素呈随机分布时,才会引起种群的随机分布。在生境条件比较一致的环境里,也常会出现随机分布格局。通过种子繁殖的植物,在侵入一个新的地点时也常呈随机分布格局。

7.1.2 种群空间分布格局研究方法

对种群的空间分布格局类型进行分析,一般首先采用Poisson分布、负二项分布、正二项分布和奈曼分布等离散分布的数学模型进行理论拟合。然后采用统计分布型指数来分析判断种群分布格局。判定格局类型的方法很多,方差/均值比值法是其中一种比较简便的方法。研究种群分布格局进行野外取样调查时,Greig-Smith的邻接格子样方法是最常用的方法之一。

格局规模、格局强度和格局纹理是描述单一物种分布格局的3个功能特征参数。格局规模是指斑块与斑块间隙的密度差异程度,主要采用Greig-Smith提出的等级方差分析法

(HAOV)和 Hill 为改进等级方差分析法而提出的双轨迹方差法(TTLV)进行判定。格局强度则是在确定格局规模后采用平均拥挤、聚块指数和集聚参数来表征。格局纹理表示聚块内个体间的离散程度与诸聚块间的分离程度，聚块大且相隔较远，说明种群的分布格局有粗糙的纹理；反之，则说明有细密的纹理。纹理一般以同一规模下的平均直径表示。纹理不同于规模，因为规模包括一个斑块和它的间隙，而纹理则分别包括斑块大小和斑块间隙的大小。斑块较大的格局叫粗纹理(crude grain)，斑块较小的格局叫细纹理(fine grain)。

研究植物群落中植物种群的空间分布格局有助于了解植物群落特征及动态。通过描述、量化格局的时空特征，能够揭示植物定居、生长、竞争、繁殖和死亡的过程。此外，植物种群的空间分布格局还与气候因子、地形因子等，特别是土壤因子等非生物因子存在密切的关系，将种群空间分布格局与环境因子格局相比较，就可能揭示它们之间的生态关系。

7.2 植物种群年龄结构与动态

种群的年龄结构(age structure)是指不同年龄组的个体在种群中所占比例或配置情况。年龄结构是种群的重要属性之一。种群的年龄结构与出生率、死亡率密切相关。通常，如果其他条件相同，种群中具有繁殖能力的年龄组成体比例较大，种群的出生率就比较高；而种群中缺乏繁殖能力的年老个体比例越大，则种群的死亡率就越高。

在森林群落的动态变化过程中，物种成分不断发生变化，新的物种侵入、定居，原有的物种种群更新、扩大或者衰退（死亡率高于出生率）甚至消失。对于多年生植物而言，由于不同年龄组的植物个体出生率、死亡率不同，由此产生了不同年龄组内个体数占该种群总个体数的百分比也不同，即形成了所谓的年龄结构。

在森林演替过程中，树木种群的年龄结构也表现出与演替相关的特征。对森林群落的树木年龄结构及其动态进行研究，对于阐明森林群落的形成和发展、群落的稳定性、群落的演替规律以及种群生态学特性和生活史对策等，都具有重要意义。此外，研究树木种群的年龄结构对于森林资源的保护和可持续利用也具有重要的指导意义。

从种群动态趋势的角度考虑，种群的年龄结构一般划分为增长型、稳定型和衰退型3种基本类型（图7-1中，从下至上表示从幼年到老年的不同年龄组，宽度表示占比）。

①增长型：呈典型的金字塔结构，表示种群中有大量幼体，而年老个体很少。这样的种群出生率大于死亡率，代表迅速增长的种群。

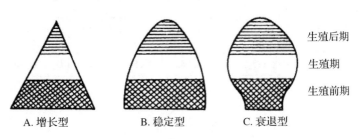

图 7-1 种群年龄金字塔的基本类型（仿 Korondy）

②稳定型：种群中幼年、中年和老年的个体数量大致相同，出生率和死亡率也大致平衡，种群数量相对稳定。

③衰退型：呈壶形，表示种群中幼体所占比例减少，老年个体比例较大，说明种群正处于衰老阶段，死亡率大于出生率，是一种数量趋于下降的种群。

在高等动植物种群中，不同年龄组的比例对种群的繁殖能力和可能的发展前景起决定性作用。在增长型种群中，幼年、中年的比例大，种群的适应能力强，当发生自然灾变或开发利用使种群的年龄结构遭到破坏后，仍然可以自我恢复到原来的正常状态。但是，同样的情况若是发生在增长停滞或衰退的种群中，则种群很难自我恢复。

7.3 植物种群静态生命表的编制

静态生命表包括如下内容：x 表示单位时间年龄等级的中值；a_x 表示在 x 龄级内现有的个体数；a_x^* 表示经匀滑技术处理后 x 龄级内的现存个体数；l_x 表示在 x 龄级开始时标准化存活个体数（一般转化为 1000）；d_x 表示从 x 到 $x+1$ 龄级间隔期间的标准化死亡数；q_x 表示从 x 到 $x+1$ 龄级间隔期间的死亡率；L_x 表示从 x 到 $x+1$ 龄级间隔期间还存活的个体数；T_x 表示从 x 龄级到超过 x 龄级的个体总数；e_x 表示进入 x 龄级的生命期望寿命；K_x 表示消失率（损失度）；S_x 表示存活率（表 7-1）。

表 7-1 天目山金钱松种群静态生命表（例）

龄级	径级(cm)	x	a_x	a_x^*	l_x	$\ln l_x$	d_x	q_x	L_x	T_x	e_x	K_x	S_x
1	0~10	5	16	24	1000	6.908	83	0.083	959	5879	5.879	0.087	0.917
2	10~20	15	99	22	917	6.821	84	0.092	875	4920	5.365	0.096	0.908
3	20~30	25	29	20	833	6.725	83	0.094	792	4045	4.856	0.105	0.900
4	30~40	35	—	18	750	6.620	83	0.111	709	3253	4.337	0.117	0.889
5	40~50	45	4	16	667	6.503	84	0.126	625	2544	3.814	0.135	0.874
6	50~60	55	4	14	583	6.368	83	0.142	542	1919	3.292	0.153	0.858
7	60~70	65	4	12	500	6.215	83	0.166	459	1377	2.754	0.182	0.834
8	70~80	75	4	10	417	6.033	84	0.201	375	918	2.201	0.225	0.799
9	80~90	85	13	8	333	5.808	125	0.375	271	543	1.631	0.470	0.625
10	90~100	95	2	5	208	5.338	83	0.399	167	272	1.308	0.510	0.601
11	100~110	105	3	3	125	4.828	83	0.664	84	105	0.840	1.090	0.336
12	110~120	115	1	1	42	3.738	—	—	21	21	0.500	—	—

生命表中各项是互相关联的，可以通过实测值 a_x 或 d_x 求得，其关系为：

$$l_x = \frac{a_x}{a_0} \times 1000$$

$$d_x = l_x - l_{x+1}$$

$$q_x = \frac{d_x}{l_x} \times 100\%$$

$$L_x = \frac{l_x + l_{x+1}}{2}$$

$$T_x = \sum_{x}^{\infty} L_x$$

$$e_x = \frac{T_x}{l_x}$$

$$K_x = \ln l_x - \ln l_{x+1}$$

$$S_x = \frac{l_{x+1}}{l_x}$$

由于静态生命表是同一时期收集的种群所有个体的径级编制而成，反映的是多个世代重叠的年龄动态历程中的一个特定时期的情况，而不是对这一种群全部生活史的追踪，而且在调查中存在系统误差，在生命表中会出现死亡率为负的情况。对于这种情况，一般认为，生命表分析中产生一些负值，这与数学假设技术不符，但仍能提供有用的生态学记录，表明种群并非静止不动，而是在迅速发展或衰落之中。为此，实际研究中，常采用匀滑技术处理，以获得 a_x^*，然后据此编制静态生命表。

实验4 天目山柳杉种群年龄结构调查

天目山柳杉种群年龄结构调查

【实习目的】

通过调查天目山柳杉群落的年龄结构，使学生理解年龄结构、生命表和存活曲线的概念及其对植物种群生态学研究的意义，掌握树木年龄结构的划分方法及调查方法，通过调查分析结果了解天目山森林群落树木年龄结构的动态变化规律及其群落演替的关系。

【仪器与工具】

钢卷尺、标本采集袋、植物标本夹、剪裁工具、记录表格等。

【步骤与方法】

(1) 样方调查

在每个样带或样方四角及中心设 1 m×1 m 的草本样方，记录草本植物种类、盖度、多度等。木本植物采用每木检测法记录每种木本植物的种类、胸径等指标。取得所需数据后，根据植物生活史特征进行年龄阶段 x 的划分，通常以5年为一年龄组。采用径级(胸径)代替年龄时，通常间隔5 cm 为一级。分好年龄段后，调查统计各年龄段的个体存活数，并记录生命表的原始数据 a_x。依据录得的原始数据计算并填写生命表的其他各项特征值。

(2)树木年龄的确定

一般采用年轮钻和年龄—胸径回归方程相结合的方法确定植物的年龄。通常通过在每个样地选取胸径范围为 5~30 cm 的标准木 12~25 株,分别用生长锥在其根颈处钻取年龄木芯,以 1 个生长年轮代表年龄 1 年来确定其年龄。根据实测标准木的年龄和胸径大小,建立具有显著相关性的年龄—胸径回归方程,然后用该方程来计算种群其他个体的年龄。

众多研究认为,径级大小(胸径)可能是比年龄更好的繁殖预测指标。许多学者在进行种群年龄结构和动态研究中都采用了大小级结构分析法。实际研究过程中,对于一些个体数量较少的种群,特别是对于一些珍稀濒危树种,不可能测定每个个体的实际年龄。在缺少研究对象即解析树木资料的情况下,可以用"空间推时间"的方法,采用大小级结构(胸径)代替年龄分析种群的年龄结构。划分径级的具体标准和级数,可以依研究对象的具体情况来确定。

(3)年龄结构图的绘制

一般以年龄(径级)为横坐标,以各年龄(径级)的个体数所占的百分比为纵坐标作图;也可以年龄(径级)为纵坐标,以各年龄(径级)的个体数所占的百分比为横坐标作图,进而据图对种群的发展趋势进行分析和预测。

(4)静态生命表的编制

根据实测和计算所得数据填写表 7-2。

表 7-2 天目山柳杉种群静态生命表

龄级	径级 (cm)	x	a_x	a_x^*	l_x	$\ln l_x$	d_x	q_x	L_x	T_x	e_x	K_x	S_x
1	0~10												
2	10~20												
3	20~30												
4	30~40												
5	40~50												
6	50~60												
7	60~70												
8	70~80												
9	80~90												
10	90~100												
11	100~110												
12	110~120												

实验5　天目山柳杉种群的空间分布格局调查

天目山柳杉种群的空间分布格局调查

【实习目的】

以天目山森林植物群落中柳杉种群为研究对象，通过野外调查和数据分析的实践，分析植物种群的空间分布格局，增进学生对植物空间分布格局概念、类型和成因的认识，比较不同取样尺度对植物空间分布格局判断的影响，并掌握检验植物种群空间分布格局的基本方法。

【仪器与工具】

皮尺、铅笔、野外记录表格、计算器。

【步骤与方法】

设置不同系列样方（10 m×10 m、20 m×20 m、100 m×100 m）、记录工具和计算工具等，在指导老师指导下，开展天目山森林群落中主要植物种群的空间分布格局调查，并记录于（表7-3）中，然后进行相关统计特征数计算，判定所测种群的空间分布格局类型。

植物种群空间分布格局类型和格局强度的检验方法很多，通常可以采用扩散系数（C，C 值用 t 检验）、丛生指数（I）、负二项参数（K）、平均拥挤度（m^*）和聚块性指数（$\frac{m^*}{m}$）等指标，分析植物种群在不同尺度下的分布格局及格局强度。

(1) 扩散系数（C）

根据扩散系数（C），可对种群的分布格局做出初步判断：当扩散系数 $C<1$ 时为均匀分布；$C=1$ 时为随机分布；$C>1$ 时为成群分布。为了检验种群分布格局偏离 Poisson 分布的显著性，可进行 t 检验，t 值越大，种群聚集程度越高；反之则越低。扩散系数计算公式如下：

$$C=\frac{s^2}{\bar{x}} \tag{7-1}$$

其中

$$s^2=\frac{\sum(x-\bar{x})^2}{n-1}$$

$$\bar{x}=\frac{\sum x}{n}$$

式中，C 为扩散系数；s^2，$\bar{x}$ 分别为样本的方差和平均数；n 为样本总数；x 为样方中出现的目标种群个体数。

(2) 丛生指数（I）

当丛生指数 $I<0$ 时为均匀分布；$I=0$ 时为随机分布；$I>0$ 时为成群分布。丛生指数计算公式如下：

$$I=\frac{s^2}{\bar{x}-1} \tag{7-2}$$

式中，I 为丛生指数；s^2 为样本方差；$\bar{x}$ 为样本平均数。

(3) 负二项参数(K)

负二项参数 K 值用于度量聚集程度：K 值越小，聚集程度越高；如果 K 值趋于无穷大（一般为 8 以上），则接近随机分布。显著性检验采用 Kolmogogomov-Smirnov 检验。负二项参数计算公式如下：

$$K = \frac{\bar{x}(\bar{x}-1)(n-1)}{\sum(x_j - \bar{x})^2} \tag{7-3}$$

式中，K 为负二项参数；$\bar{x}$ 为样本平均数；n 为样本总数；x_j 为每一样方中出现的某种植物的个体数。

(4) 平均拥挤度(m^*)

平均拥挤度(m^*)表示一个样方内每个个体的平均拥挤程度，即每个个体在同一单位中其个体的平均数，其数值越大表示该个体受其他个体的拥挤效应越大。由于它针对的是每个个体，故其值依赖于现有的个体总数，平均拥挤度计算公式如下：

$$m^* = \bar{x} + \frac{s^2}{\bar{x}} - 1 \tag{7-4}$$

式中，m^* 为平均拥挤度；$\bar{x}$ 为样本平均数；s^2 为样本方差。

(5) 聚块性指数($\frac{m^*}{m}$)

聚块性指数($\frac{m^*}{m}$)表示样方内每个个体平均有多少个其他个体对其产生拥挤的程度。聚块性指数考虑了空间格局本身的性质，并不涉及密度，其值越大，聚集性越强。聚块性指数的计算公式如下：

$$\frac{m^*}{m} = 1 + \frac{1}{K}$$
$$K = \frac{\bar{x}^2}{s^2 - \bar{x}} \tag{7-5}$$
$$m = \bar{x} = \frac{\sum x}{n}$$

式中，m^* 为平均拥挤度；m 为总体平均数，可由样本平均数估计；K 为负二项参数值；$\bar{x}$ 为样本平均数；x 为样方中出现的目标种群个体数。

表 7-3 种群空间分布格局数据记录表

群落类型：　　　　时间：　　　　地点：　　　　记录人：

样方号	1	2	3	4	5	6	7	8	9	10	11	12	13
个体数													
样方号	14	15	16	17	18	19	20	21	22	23	24	25	26
个体数													

数据初步整理：

总样方数 N	总个体数 n	每样方平均个体数 $\bar{x}$	方差 s^2

案例4 天目山常绿落叶阔叶林优势种群空间分布格局

1. 样地设置

2012年8月在全面勘查的基础上，于浙江天目山国家级自然保护区内选择典型常绿落叶阔叶混交林建立一块1 hm²(100 m×100 m)，动态监测研究样地。样地地理位置为30.34°N，119.43°E，海拔1065 m。将样地西南角作为原点，东西向设为横轴(x)，南北向设为纵轴(y)，使用南方测绘NTS-300R全站仪将整个样地划分为25个20 m×20 m的小样方。并在2012年9~11月和2013年5月野外调查期间，将20 m×20 m样方进一步划分为16个5 m×5 m的亚样方，记录样地内胸径(DBH))≥1 cm的所有木本植物种类、胸径、树高、冠幅、枝下高、生长状况及位置坐标等。

2. 数据分析

2.1 种群径级划分

由于实际测得树木的年龄比较困难，所以本研究以树木的胸径(DBH)作为表征树木年龄的指标。参照亚热带常绿阔叶林相关研究中对林冠层林木径级结构的划分标准，同时根据样地实际情况定义4个不同生长阶段，即幼苗(1 cm≤DBH≤2.5 cm)、幼树(2.5 cm≤DBH≤7.5 cm)、中树(7.5 cm≤DBH≤22.5 cm)和大树(DBH≥22.5 cm)。

2.2 优势种确定

优势种是指对群落结构和群落环境的形成有明显控制作用的植物种。重要值的大小可作为群落中植物种优势度的一个度量标志，并可以体现群落中每种植物的相对重要性及植物的最适生境，其计算公式为：

$$\text{重要值} = \frac{\text{相对频度} + \text{相对显著度} + \text{相对多度}}{3} \tag{7-6}$$

KIKVIDGE等曾提出了使用相对多度来确定群落优势种数目的方法，但是由于森林群落具有物种繁多、结构复杂和生产力高的特点，仅以单一指标来确定物种在群落中的地位和作用显然不够全面，因此，本研究采用重要值这一综合指标进行群落优势种数目的确定，其计算公式为：

$$A_v = \frac{1}{\sum_{i=1}^{s}\left(\dfrac{V_i}{V}\right)^2} \tag{7-7}$$

式中，A_v为优势种数量；s为群落的物种数；V_i为物种i的重要值(按重要值从大到小排序)；V为所有物种的重要值总和。

2.3 种群空间分布格局

本研究采用Wiegand Moloney's O-ring统计方法分析特定尺度下物种的空间分布格局特

征。O-ring 算法是对成对关联函数(The pair-correlation function) g 的变形，通过引入密度参数 λ_2 获得具体空间尺度上的点密度，其原理是利用半径为 r，宽度为 w 的圆环替代 Ripley's L 函数中所使用的以 r 为半径的圆，并根据圆环内点的平均数目，获得特定尺度下物种间的空间关系，从而消除了距离的累积效应，强调生态过程的"关键尺度"。O-ring 统计包括单变量统计和双变量统计，分别用 $O_{11}(r)$ 和 $O_{12}(r)$ 表示，其计算公式为：

$$O_{12}^w = \frac{\sum_{i=1}^{n_1} Points_2[R_i^w(r)]}{\sum_{i=1}^{n_1} Area_2[R_i^w(r)]} \tag{7-8}$$

式中，u 为物种 1 的点的数目；$Points_2[R_i^w(r)]$ 表示以物种 1 中第 i 个点为圆心，r 为半径；w 为宽度的圆环中包含的物种 2 的点的数目；$Area_2[R_i^w(r)]$ 表示研究区面积。在单变量 O-ring 分析中，假设物种 1 和物种 2 相同。

为避免空间格局的误判，O-ring 统计方法要求慎重选择零假设。一般来说，较小尺度上物种的分布主要受种子扩散机制、个体繁殖特性以及物种竞争等生物因素影响，而在较大尺度上多受地形、土壤、光照、水分等生境异质性和资源多样性的影响，具体来说，在大于 10m 的尺度上，如果成年树呈现聚集分布，可以推断是生境异质性效应在起作用。本研究选择完全空间随机模型(complete spatial randomness，CSR)作为零假设来检验成年树(包括中树和大树)的空间分布是否受到生境异质性的影响，如果成年树在研究尺度内呈现显著的聚集分布，需要采用异质性泊松过程(Heterogeneous Poisson Process，HP)模型作为零假设以排除生境异质性效应，相反则说明 CSR 零假设适用于项目区单变量 O-ring 统计分析。

采用双变量统计分析比较种群不同生长阶段的空间关联性，参照生活史进程，采用前提条件(antecedent condition)零假设模型进行分析，即高龄级个体对低龄级个体的生长有影响，而低龄级个体对高龄级个体没有影响。

另外，使用双变量随机标签(bivariate random labeling)零假设模型和"观测—控制"设计(case-control design)来检验距离响应的密度制约效应是否存在。这种方法的核心是根据控制组的空间分布特征来推断观测组的空间分布特征，强调的是相对性，将成年树作为控制组设为格局 1，幼树作为观测组设为格局 2，在随机标签零假设下，$g(r)$ 函数的取值是常数，即 $g_{12}(r) = g_{21}(r) = g_{11}(r) = g_{22}(r)$，令 $D(r) = g_{22}(r) - g_{21}(r)$，则其理论值应为 0，由于理论值一般不明，所以要用估计值来近似代替理论值，$D(r)$ 的估计值如果是一个显著的正值(相对于模拟得到的包迹线上限而言)，则说明幼树相对成年树在 r 尺度上呈现出空间聚集性。

本研究分析栅格大小为 1 m×1 m，设置圆环宽度 w 为 2 m。使用 Monte Carlo 循环 99 次，产生置信度为 99% 的包迹线以检验点格局分析的显著性，为尽量降低边缘校正对数据的影响，将格局分析的尺度限定在 0~25 m。使用生态学软件 Programita 完成数据分析。

3. 结果与分析
3.1 群落物种组成

样地内木本植物共有125种4373株，分属40科75属，其中，樟科11种，忍冬科11种，马鞭草科9种，蔷薇科和槭树科均为8种，壳斗科6种，山茶科和安息香科均为5种。就个体数量来看，樟科（1019株）、交让木科（913株）、虎耳草科（485株）、壳斗科（481株）、忍冬科（290株）以及山茶科（191株）等6个科包括的个体数量占总株数的77.27%。

按照HUBBELL和FOSTER(1986)的定义，每公顷个体数等于或少于1的物种被认为是稀有种，1~10为偶见种，样地内稀有种21个，占总数的16.8%，偶见种59个，占47.2%，常见种45个，占36%。个体数大于200株的常见种有4个，分别是细叶青冈（276株），中国绣球（476株），大果山胡椒（704株）以及交让木（913株），4个种包括的个体数量占总株数的54.17%。

表7-4中，样地内重要值≥1的树种有19种，其相对多度和相对显著度分别占总数的80.58%和89.51%，其中，交让木最为突出，相对频度和相对多度都是最高的，分别为19.85%和20.79%，其次是大果山胡椒，相对频度和相对多度分别为10.34%和16.03%，相对显著度最高的是柳杉，达17.85%，其次是缺萼枫香，为13.00%。通过计算得到样地内不同径级的优势种数量，可知，幼苗有6个优势树种，幼树有8个，中树有9个，大树有9个。其中，交让木和细叶青冈在4个径级中都是优势树种，杉木和短尾柯在幼树、中树和大树3个径级中均为优势种。在参考汤孟平等对天目山常绿阔叶林群落特征的研究基础上，挑选细叶青冈、杉木和短尾柯3个优势树种作为研究对象，研究其空间分布格局和种间关联。由表7-5可知，3个优势种群均处于稳定增长状态，种群更新良好。

表7-4 样地内不同径级优势树种组成

树 种	不同径级重要值				总体重要值
	幼苗	幼树	中树	大树	
交让木 Daphniphyllum macropodum	10.21	27.37	22.68	2.83	16.32
大果山胡椒 Lindera praecox	19.75	3.52	—	—	8.94
细叶青冈 Cyclobalanopsis gracilis	3.99	6.30	15.05	13.65	8.47
杉木 Cunninghamia lanceolata	1.81	4.34	7.12	14.97	6.96
柳杉 Cryptomeria japonica var. sinensis	—	—	1.00	10.52	6.38
青钱柳 Cyclocarya paliurus	0.10	0.44	3.14	17.44	5.97
中国绣球 Hydrangea chinensis	13.35	2.61	0.33	0.46	5.79
缺萼枫香 Liquidambar acalycina	0.24	0.17	1.28	11.80	5.76
短尾柯 Lithocarpus brevicaudatus	2.03	5.84	9.74	2.13	3.64

(续)

树　　种	不同径级重要值				总体重要值
	幼苗	幼树	中树	大树	
微毛柃 *Eurya hebeclados*	1.16	4.89	6.61	—	2.54
四照花 *Cornus kousa* subsp. *chinensis*	0.69	2.55	7.88	0.93	1.84
天目木姜子 *Litsea auriculata*	0.10	0.14	0.37	6.40	1.82
宜昌荚蒾 *Viburnum erosum*	5.10	0.70	—	—	1.76
蓝果树 *Nyssa sinensis*	0.11	0.17	1.22	3.53	1.48
红果山胡椒 *Lindera erythrocarpa*	2.83	0.83	1.51	—	1.33
褐叶青冈 *Cyclobalanopsis stewardiana*	0.70	1.16	2.60	2.06	1.25
荚蒾 *Viburnum dilatatum*	3.40	0.92	0.24	—	1.18
红脉钓樟 *Lindera rubronervia*	1.85	2.70	—	—	1.15
山橿 *Lindera reflexa*	1.37	2.65	0.52	0.48	1.07
优势树种数	6	8	9	9	—

表 7-5　样地内 3 个优势种群结构特征

树种	径级	株数	平均距离（m）	平均胸径（cm）	平均树高（m）	平均冠幅（m）
细叶青冈	幼苗	73	3.35	1.67	2.15	1.04
	幼树	78	3.70	4.13	3.68	1.99
	中树	84	3.88	15.12	6.13	3.90
	大树	41	7.69	28.92	9.10	5.37
	合计	276	1.27	10.51	4.83	2.90
杉木	幼苗	24	5.08	1.83	1.81	0.81
	幼树	51	3.52	4.02	3.21	1.42
	中树	34	7.55	13.67	7.62	3.34
	大树	40	7.14	34.37	15.14	4.87
	合计	149	2.39	14.01	7.19	2.70
短尾柯	幼苗	34	6.30	1.65	2.16	0.99
	幼树	66	3.94	4.45	3.54	2.35
	中树	55	5.77	13.15	6.56	4.26
	大树	5	6.91	27.34	11.53	7.05
	合计	160	1.96	7.56	4.53	2.90

3.2 优势种群空间分布格局

细叶青冈、杉木和短尾柯等优势树种的空间分情况如图7-2所示，3个优势种广泛分布于整个样地，如图7-3所示，使用CSR零假设对样地内成年树分布地(包括中树和大树)生境异质性进行检验，1~25 m尺度范围内 $O(r)$ 值都在包迹线之内，表明成年树木呈随机分布格局特征，即样地内3个优势种群的空间分布受到生境异质性的影响不明显，可以采用CSR零假设进行下一步的单变量O-ring统计分析。

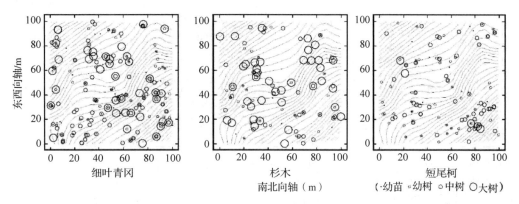

图7-2 样地内优势树种空间分布

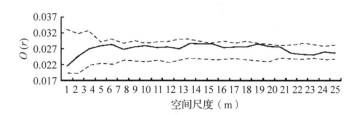

图7-3 样地内成年树的分布格局

如图7-4所示，整个细叶青冈种群在1~25 m尺度上基本表现为随机分布，仅在3 m尺度上呈现聚集分布，其幼苗在1~2 m尺度上呈现聚集分布，在其他尺度上总体表现为随机分布，幼树、中树和大树在1~25 m尺度上也基本表现为随机分布，其中，中树在17~20 m、大树在3~4 m和13~14 m呈现聚集分布。

整个杉木种群在1~25 m尺度上总体表现为随机分布格局，在3~4 m、12~14 m和17~18 m等尺度上有聚集分布现象，聚集分布的尺度约占研究尺度的30%。杉木幼苗在3 m和25 m处呈现聚集分布，幼树在13~14 m和17~18 m处呈现明显的聚集分布，在其他尺度上总体表现为随机分布，中树和大树在1~25 m尺度上为随机分布格局。

由于短尾柯大树仅5株，因此将其与中树种群合并进行空间格局分析。整个短尾柯种群在1~8 m尺度上呈聚集分布，24~25 m尺度上呈均匀分布，在其他尺度上总体表现为随机分布。短尾柯幼苗在1 m处、幼树在7~8 m处呈现聚集分布，其他尺度上总体表现为随机分布，中树在2~10 m处呈现聚集分布，其他尺度上总体表现为随机分布。

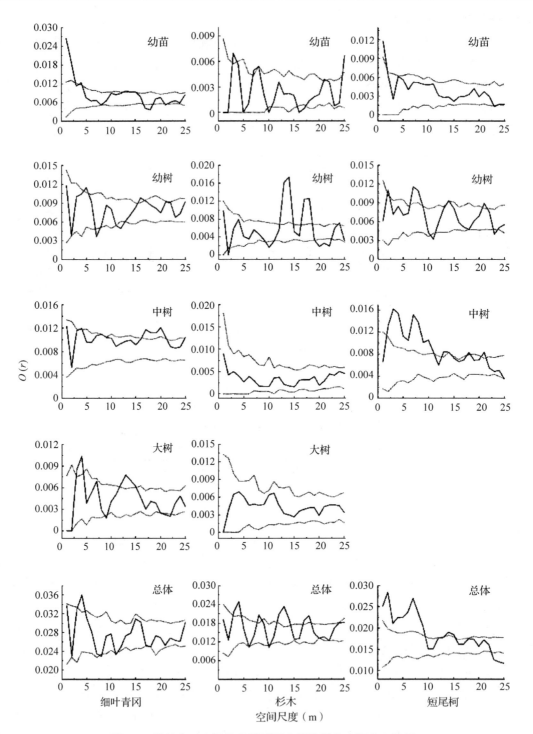

图 7-4 样地内 3 个优势种群不同生长阶段的空间分布格局

(实线为 $O(r)$ 函数取值,虚线为 99% 置信区间)

3.3 优势树种不同生长阶段之间的空间关联性

如图 7-5 所示，细叶青冈 Y-S 幼树与幼苗在 2~5 m 尺度上呈正相关，在 9~12 m 和 18~21 m 尺度上呈负相关；Y-S 中树与幼苗在 1~25 m 尺度内无关联性；Y-S 大树与幼苗

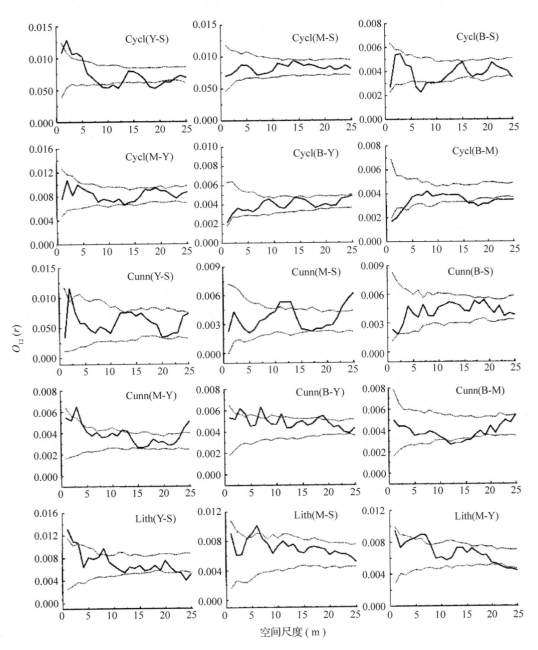

图 7-5 优势种群不同生长阶段之间的空间关联

（实线为 $O(r)$ 函数取值，虚线为 99% 置信区间）

（注：Cycl 细叶青冈，Cunn 杉木，Lith 短尾柯，Y-S 幼树与幼苗，M-S 中树与幼苗，M-Y 中树与幼树，B-Y 大树与幼树，B-S 大树与幼苗，B-M 大树与中树）

除在 1~2 m 尺度上呈负相关外，其他尺度基本没有关联性；M-Y 中树与幼树、B-Y 大树与幼树之间在 1~25 m 尺度内均未表现出关联性；B-M 大树与中树在 1~3 m 和 16~25 m 尺度上呈负相关。

Cycl 细叶青冈、Cunn 杉木、Lith 短尾柯；Y-S 幼树与幼苗、M-S 中树与幼苗、B-S 大树与幼苗、B-M 大树与中树、杉木 Y-S 幼树与幼苗在 2 m 尺度上呈正相关，其他尺度无关联性；M-S 中树与幼苗在 11~13 m 和 23~25 m 尺度上呈正相关；Y-S 大树与幼苗除在 2 m 尺度上呈负相关外，其他尺度无关联性；M-Y 中树与幼树在 3~4 m、12~13 m 和 22~25 m 处呈正相关；B-Y 大树与幼树虽然总体上呈现无关联性，但其 $O_{12(r)}$ 函数值多与上包迹线叠加交错，存在正相关的趋势；B-M 大树与中树在 12~16 m 处呈负相关，其他尺度无关联性。

短尾柯 Y-S 幼树与幼苗在 1~3 m 和 8 m 尺度上呈正相关，在 23~25 m 尺度上呈负相关，其他尺度无关联性；M-S 中树与幼苗在 5~6 m 尺度上呈正相关；M-Y 中树与幼树在 5~7 m 尺度上呈正相关，在 22~25 m 尺度上呈负相关，其他尺度无关联性。

3.4 优势树种不同生长阶段聚集强度变化

种群内因密度制约导致的个体自疏现象多表现在由低龄级种群向高龄级种群转变过程中聚集度的降低。将大树种群（短尾柯为中树）作为控制组，幼苗、幼树和中树分别作为观测组，使用双变量随机标签零假设模型获得优势树种在不同生长阶段聚集强度的变化情况，以探究样地内种群密度制约效应的作用程度。

表 7-4 种，短尾柯幼苗和幼树相对中树在 1~25 m 尺度内均未表现出更强的空间聚集性，说明样地内该种群的发育过程中受因密度制约而造成的自疏效应的影响不明显。细叶青冈幼苗相对大树仅在 1 m 尺度上具有较强的空间聚集性（种子的散布现象所致），幼树相比大树在 1~25 m 尺度内的空间聚集性要不明显，中树相对大树在 2 m（根系分蘖萌生现象所致）和 16~20 m 尺度上表现出较明显的空间聚集性，由此可知，在细叶青冈种群的发育过程中基本上没有受到自疏效应的影响，但相对而言，中树至大树的成长阶段，种内竞争作用会逐渐加剧。杉木种群幼苗、幼树和中树相对大树在 1~25 m 尺度内均未呈现明显的空间聚集性，说明样地内该种群在发育过程中同样没有受到自疏效应的影响。

表 7-6　样地内 3 个优势种群不同生长阶段的聚集强度

树种	生长阶段	空间尺度 (m)								
		1	2	3	4	5	6~10	11~15	16~20	21~25
细叶青冈	幼苗-大树	a	r	r	r	r	r	r(+)	r	r
	幼树-大树	r	r	r	r	r	r	r	r	r
	中树-大树	r	a	r	r	r	r	r	a	r
杉木	幼苗-大树	r	r	r	r	r	r	r	r	r
	幼树-大树	r	r	r	r	r	r	r(+)	r	r
	中树-大树	r	r	r	r	r	r	r	r	r
短尾柯	幼苗-中树	r	r	r	r	r	r	r	r	r
	幼树-中树	r	r	r	r	r	r	r	r	r

注：a 表示聚集分布，r 表示随机分布，r(+) 表示研究尺度上的随机分布大于聚集分布。

4. 讨论

生态学过程和尺度有着紧密的联系，与传统方法相比，点格局统计方法的优势在于能够直观地反映不同尺度下种群的空间分布情况，从而探究其生态学的变化过程。很多研究将成年树的分布格局作为检验是否存在生境异质性（如裸岩、溪流、地形坡度等）效应的依据，其理由是成年树生长过程中在经历长期的种内、种间竞争作用和病虫害影响后，如果没有遭受大尺度的生境异质性的影响，在一定程度上应该趋向于随机分布或均匀分布以获得更多的环境资源。不过这也会带来另一个问题，即面对复杂的群落生态系统，难以剥离出有效的生物或非生物信息，从而在统计学上明确具体的生境异质性影响因子或是量化其影响程度。因此，相关研究多是通过对现有点格局不同零假设模型拟合度的比较，探索群落中不同树种空间格局的形成过程与维持机制。本研究采用的完全空间随机零假设模型仅能通过函数值偏离置信区间的情况来检测种群在不同尺度下的格局类型，尚无法验证对种群聚集分布背后形成机制的推测，有待通过使用均质 Thomas 过程、异质 Thomas 过程和嵌套双聚块过程（nested double-cluster process）等复杂零假设模型进一步探究。

由于研究样地处于演替顶极阶段的老龄林，种间竞争不如林分发育早期激烈。另外，3 个主要优势种并未受到生境异质性的明显影响，因此，总体呈随机分布格局。短尾柯由于具有较高的根蘖率，导致其中树种群在 2~10 m 处呈现聚集分布。细叶青冈和短尾柯均兼有实生和萌生 2 种聚集繁殖方式，相比细叶青冈，短尾柯在中树阶段即可达到较高的根蘖率，这一特征能够使短尾柯在群落早期阶段不断产生新的、具有潜在独立生长能力的分株来拓展自己的生存空间。研究发现，不同树种的幼苗在 1~3 m 小尺度上均表现为聚集分布，之后随着尺度的增加变为随机分布，其原因一方面是受种子传播的限制，导致大量种子聚集在有限的空间距离内，另一方面是同一物种的个体对环境具有相同的选择偏好，幼苗在小尺度上的聚集可以提高该物种共同抵御病菌等外界风险的能力，提高物种整体的存活率，但随着幼苗的生长，对光、水和营养资源的竞争加剧，使得聚集性逐渐降低，这一现象在细叶青冈幼苗与幼树的空间关系中得到了较好的呈现。

密度制约被认为是一种重要的维持森林物种多样性的机制，骆争荣通过对百山祖亚热带常绿阔叶林群落的研究，发现 53.3% 的物种空间分布没有受到因密度制约而产生的自疏效应的影响，即便是对受影响的物种来说，这种效应对空间格局的调节作用也不是一贯的，因此种群中的成年树并不能发展成均匀分布格局，本研究的结论支持此观点，样地内 3 个优势种群在发育过程中均未明显受到自疏效应的影响。

第 8 章 植物群落生态学调查

群落是指一定时间内居住在一定空间范围内的生物种群的集合。群落内的各种生物并不是杂乱无章散布的一些孤立的东西，而是相互之间存在物质循环和能量流动的复杂联系，因而群落具有一定的种类组成和营养结构。

群落的概念起源于植物生态研究，因为动物具有移动性特点，而植物有相对固定的生活地域，所以植物群落研究要早于动物群落研究。群落是一个相对于生物个体和种群而言更高层次的生物系统，群落概念的产生，使生态学研究形成了新的领域——群落生态学。群落的野外研究中人们有一个共同的体会，就是相邻群落之间缺乏明确的界限，很难把群落当做一个有机体来对待。群落可以通过破坏性的事件，环境中的逐渐变化，或通过竞争的更替而被别的种群部分或整个取代。群落内各种群之间存在协调控制的机制，使群落保持了相对的稳定性。群落同时具有动态特征，既存在波动又存在演替过程。我们所观察到的群落只是它的动态过程中的一个时间剖面而已。

8.1 群落的物种组成

物种组成是区别不同群落的首要特征。一个群落中物种的多少及每个物种的个体数量，是度量群落多样性的基础。群落中的不同物种，在群落中的地位和作用也各不相同，群落的类型和结构因而也不同。可以根据各个物种在群落中的作用划分群落成员型。在植物群落研究中，常使用以下几类群落成员型：

①优势种(dominant species) 对群落的结构和群落环境的形成有明显控制作用的物种称为优势种，在群落中，优势种常具有个体数量大、生物量高、体积较大和生活能力较强的特点。

②建群种(constructive species) 植物群落的不同层次可以有各自的优势种，优势层的优势种常称为建群种。森林群落的建群种即其乔木层的优势种。如果群落中的建群种只有一个，则该群落称为"单建群种群落"或"单优种群落"；如果具有两个或两个以上同等重要的建群种，就称为"共优种群落"或"共建种群落"。

③亚优势种(subdominant species) 即个体数量和作用都次于优势种，但在决定群落性质和控制群落环境方面仍起着一定作用的物种。

④伴生种(companion) 伴生种为群落的常见种类，它与优势种相伴存在，但不起主要作用。

⑤偶见种或罕见种(rare species) 偶见种是指那些种群数量稀少、在群落中出现频率

很低的种类。偶见种可能是偶然由人类活动带入或随着某种条件的改变而侵入的物种，也可能是衰退中的残遗种。有些偶见种的出现具有生态指示意义，有的还可以作为地方性特征种来看待。

8.1.1 群落调查样方面积的确定

通常采用最小面积法来统计和编制一个群落或一个地区的生物种类名录。所谓最小面积，是说至少要有这样大的空间，才能包含组成群落的大多数植物种，即基本上能够表现出某群落类型生物种类的最小面积。既然群落的结构是由各种植物的组合方式所形成，而最小面积上又包含组成群落的大多数植物种类，那么在这个面积上就能表现出群落结构的主要特征。通常通过绘制种类—面积曲线来确定最小面积。具体做法是：

在群落中各物种分布比较均匀的地段，选择一处样地进行采样鉴定和物种登记，然后逐渐扩大样方面积。随着样方面积的加大，样方内生物种数也在增加。当样方扩大至一定面积时，样方内的生物种数基本不再增多，反映在种类—面积曲线图上是曲线呈明显变缓趋势。通常将曲线开始变缓处所对应的面积，定为该群落调查取样的最小面积。实际应用中，可以把面积扩大 1/10，种数增加不超过 5% 时的样方面积，作为群落的最小面积；也可以把包括样地总种数 84% 的样方面积作为群落的最小面积。通常，组成群落的物种越丰富，该群落调查取样的最小面积相应也越大（表 8-1）。

表 8-1　部分群落类型最小面积

群落类型		最小面积（m^2）
热带雨林		1000~50 000
温带森林	乔木层	200~500
	林下植被	50~200
温带干草原		50~100
石楠灌丛		10~25
湿地		5~10
苔藓和地衣群落		0.1~4

8.1.2 群落数量特征的样方调查法

要进一步阐明群落特征，还必须研究不同物种的数量关系。而对种类组成进行数量分析，是近代群落分析技术的基础。样方即方形或矩形样地，是面积取样中最常用的形式，也是调查中使用最普遍的一种取样技术。样方的大小、形状和数目，主要取决于所研究的群落的性质和所预期的数据种类，可以根据最小面积原则及具体情况确定。确定取样面积之后，还要确定取样数目。取样数目越多，代表性也越大，但取样的目的是减少所花费的劳动和时间，故实际上采用的数目是介于很大的理想数目和花费很少时间的极少数目之间的折中数。可以通过一个简单的实验获得应采用的最小数目的标准，即绘制滑动平均值或方差与取样数目的相关曲线,摆动趋于平缓的一点的样方数,就是取样的最小数目。

野外调查时,按每个样方单独记录。记录每个样方中的种名、每个种的个体数、每个种的基面积(对于木本植物,测定其胸径),然后将所有样方的数据汇总,填写表8-2,计算各物种的重要值。依据重要值的大小和不同物种之间的差异性,可以推测群落中种的成员型类型。

表8-2 样方调查结果整理

物种	出现样方数	株数	基面积	相对频度（%）	相对密度（%）	相对优势度（%）	重要值
1	X_1	M_1	S_1				
2	X_2	M_2	S_2				
3	X_3	M_3	S_3				
⋮	⋮	⋮	⋮				
n	X_n	M_n	S_n				
总计	X	M	S	100.0	100.0	100.0	100.0

注:相对频度=$\frac{X_i}{X}\times 100\%$；相对密度=$\frac{M_i}{M}\times 100\%$；相对优势度=$\frac{S_i}{S}\times 100\%$；重要值=(相对频度+相对密度+相对优势度)÷3。

8.1.3 群落的命名

我国习惯采用联名法对群落进行命名,即将各个层中的建群种或优势种和生态指示种的学名按顺序排列,并在前面冠以 Ass.(Association),不同层之间的优势种以"-"相连,如 Ass. *Larix gmelini-Rhododendron dahurica-Pyrola incarnata*(兴安落叶松—杜鹃—红花鹿蹄草群丛)。如果某一层有共优种,这时可用"+"相连,如 Ass. *Larix gmelini-Rhododendron dahurica-Pyrola incarnata + Carex* sp.。如果最上层的植物不是群落的建群种,而是伴生种或景观植物,这时用"<""‖"或"( )"来表示层间关系,如 Ass. *Caragana microphylla*<(或) *Stipa grandis-Cleistogenes squarrasa-Artemisia frigida* 或 Ass.(*Caragana microphylla*) *Stipa grandis-Cleistogenes squarrasa-Artemisia frigida*。对草本群落命名时,习惯上用"+"来连接各亚层的优势种,而不用"-"。

群系的命名只取建群种的名称,如东北草原以羊草为建群种组成的群系,称为羊草群系,即 Form *Aneurolepidium chinense*。如果该群系有2个以上优势种,则2个优势种中间用"+"连接。

群系以上高级分类单位不以优势种来命名,一般以群落外貌—生态学的方法命名,如山顶常绿阔叶矮林、湖岸落叶阔叶林等。

8.2 群落的结构与动态

群落的结构是指生物在环境中分布及其周围环境之间相互作用形成的结构,也可称为群落的格局（pattern）。群落的结构可分为空间结构（或物理结构）和生物结构两方面。空间结构是指群落的外貌和形态，包括决定群落外貌的植物生长型、垂直分层结构以及群落外貌的昼夜变化和季相。生物结构是指构成群落的物种组成、相对多度、种间关系、多样性和演替几个方面。群落的生物结构取决于空间结构。群落的空间结构取决于两个因素，即群落中各物种的生活型（life form）及相同生活型的物种所组成的层片（synusia）。

8.2.1 群落生活型谱分析

生活型指植物对外界环境适应而形成的生活形态。可以说生活型是不同种的植物由于长期生活在相同的气候环境条件下，而在形态上所表现出相似的外貌特征。

生活型的概念和划分方法至今并未统一，最早和较广泛采用的是丹麦植物学家瑙基耶尔（Raunkiaer，1934）的划分方法。这一分类法是以植物更新部位（芽和枝梢）为基础加以区分的，即根据植物在不利生长季节内，其芽和枝梢受到保护的方式和程度，将植物界中的全部高等植物划分为5个类群：

(1) 高位芽植物（phanerophytes，Ph）

休眠芽位于地面25 cm以上的植物，主要包括高大乔木，灌木和热带高草。高位芽植物又可依据高度分为4个亚类：大高位芽植物（30 m以上）、中高位芽植物（8~30 m）、小高位芽植物（2~8 m）和矮高位芽植物（2 m以上）。

(2) 地上芽植物（chamaephytes，Ch）

为芽稍出土表的平卧植物或低矮灌木，植株高度一般在25 cm左右，这类植物度过不良季节时芽位于地表，如灌木和半灌木，苔原植物和高寒植物。

(3) 地面芽植物（hemicryptophytes，H）

地面芽植物又称半隐芽植物或浅地下芽植物，更新芽勉强地埋藏于土表，因而需要依赖于枯枝落叶或者积雪保护更新芽，这类植物度过不良季节时地上部分枯死，有生命的部分在地表，多为多年生草本植物。

(4) 隐芽植物（cryptophytes，Cr）

隐芽植物又称地下芽植物，更新芽埋藏在土表以下或水中，所以受到良好保护，如根茎、块茎、块根、鳞茎等多年生草本植物、沼生植物和水生植物等。

(5) 一年生植物（therophytes，Th）

当年完成生命周期，以种子方式过冬，所有其他部分的器官全部枯死。

Raunkiaer生活型被认为是植物在其进化过程中对气候条件适应的结果，因此它们的组成可作为某地区生物气候的标志。

统计某一地区或某一个生物群落内各类生活型的数量对比关系的图表，称为生活型谱。通过生活型谱可以分析一定地区或某一植物群落中植物与生境的关系。

制作生活型谱，首先要搞清楚整个地区或群落的全部植物种类，列出植物名录，确定每种植物的生活型，然后把同一生活型的种类归到一起，按下列公式计算出某一生活型所占的百分比：

$$某一生活型的百分比(\%) = \frac{该地区该生活型的植物}{该地区全部植物的种数} \times 100 \qquad (8-1)$$

从各个不同地区或各个不同群落的生活型谱的比较中，可以看出各个地区或群落的环境特点，特别是对生物有重要作用的气候的特点。通常每一类植物群落都是由几种生活型的植物所组成，但其中由一类生活型占优势。生活型与环境关系密切，高位芽植物占优势是温暖、潮湿气候地区群落的特征，如热带雨林群落；地面芽植物占优势的群落，反映了该地区具有较长的严寒季节，如温带针叶林、落叶林群落；地下芽植物占优势的地区，环境比较冷、湿，如寒温带针叶林群落；一年生植物占优势则是干旱气候的荒漠和草原地区群落的特征，如东北温带草原(表 8-3、表 8-4)。

表 8-3 我国几种主要植物群落类型的生活型谱

群落名称	高位芽植物	地上芽植物	地面芽植物	隐芽植物	一年生植物
海南岛热带雨林	96.88	0.77	0.77	0.98	0
福建和溪亚热带常绿阔叶林	63.0	5.0	12.0	6.0	14.0
秦岭北坡暖温带落叶阔叶林	52.0	5.0	38.0	3.7	1.3
长白山寒温带针叶林	25.4	4.4	39.6	26.4	3.2
东北温带草原	3.6	2.0	41.1	19.0	33.4

表 8-4 世界各植物气候带不同植物群落的生活型谱

气候(地区)	统计种数	高位芽植物	地上芽植物	地面芽植物	隐芽植物	一年生植物
高位芽植物气候（非洲塞舌尔群岛）	258	61	6	12	5	16
地上芽植物气候（挪威 Svalbard）	110	1	22	60	15	2
地面芽植物气候（丹麦）	1084	7	3	50	22	18
一年生植物气候（美国死谷）	294	26	7	18	7	42

8.2.2 群落动态的分层频度调查

植物群落常随环境因素或时间的变迁而发生变化。植物群落的变化，首先是组成群落中各种植物的生长、发育、传播和死亡过程，植物之间的相互关系则直接或间接地影响着这个过程。同时，外界环境条件也在不断变化，这种变化时刻影响着群落变化的方向和进程。植物群落虽有一定的稳定性，但它随时间的变迁处于不断变化之中，是一个始终运动着的动态体系。群落演替是群落动态中的重要理论之一，也是农、林业生产中必须遵循的一条原则。研究群落演替规律，掌握其动态特性和研究方法具有重要意义。分层频度调查是最常用的一种群落演替调查方法，它依据主林层、演替层和更新层中各树种的频度状况对比来评价林分的发展动态。

群落的层次或物种的高度是反映群落结构和群落内部竞争过程最灵敏、最直接的指标之一。野外调查时，在所研究的群落设置标准样地，按照高度分层统计各物种的频度。

在森林群落中，将其分为主林层、演替层和更新层，各层的高度一般规定如下：1~2 m以下为更新层，主要根据当地的灌木或下木的高度而定；1~2 m以上至主林层下限为演替层；主林层主要是森林群落优势种的林冠层。然后在样地内随机设置25~30个面积为2 m×2 m的小样方。在每个小样方中，按高度分层，调查各树种在各层出现的频度。不论个体多少，凡是出现了更新物种，就记录在样方内分层频度调查表（表8-5）中，并做好标记。

表 8-5 样方内分层频度调查表

物种名	样方 1			样方 2			……
	主林层	演替层	更新层	主林层	演替层	更新层	

野外调查取得的数据后，代入以下公式进行统计分析：

$$f=\frac{M}{N} \tag{8-2}$$

式中，f为分层频度；M为某物种出现在某层的样方数；N为样方总数。

然后，分别统计群落更新层、演替层和主林层中每种植物的分层频度，将统计结果填入群落分层频度统计表（表8-6）。

表 8-6 群落分层频度统计表

物种名	层　次		
	主林层	演替层	更新层

根据频度计算结果，凡是在演替层、更新层中频度很高，但在主林层中频度很低甚至没有，而其他生态学特性与该立地条件相适应的树种属于进展种；凡是在主林层中频度很高，而在更新层和演替层中频度很低的树种属于衰退种；凡是在演替层中频度很高，在更

新层和主林层中频度很低的树种属于巩固种。随着时间的推移，巩固种将不断改变自己在群落中的地位和作用，一般来说，它们在未来的群落中将被慢慢淘汰掉，进展种标志着森林演替的趋势和方向，巩固种将是重要的伴生种。

8.3 群落物种多样性分析

生物多样性(biodiversity)指的是生物中的多样化和变异性，以及物种生境的生态复杂性。它包括所有的动物、植物、微生物和它们所拥有的基因，以及它们与生存环境形成的复杂系统。生物多样性是一个内涵十分广泛的重要概念，包括多个层次和多个水平，其中研究比较多、意义重大的主要有遗传多样性(genetic diversity)、物种多样性(species diversity)、生态系统多样性(ecosystem diversity)和景观多样性(landscape diversity)4个层次。遗传多样性，也称为基因多样性，指广泛存在于生物体内、物种内及物种间的基因多样性，常通过测定染色体多态性，各染色体数目、结构及减数分裂行为等来了解。一个物种遗传变异越丰富，它对环境适应的能力越强，进化潜力也越大。物种多样性是指物种水平的生物多样性，可以从分类学、生物地理学角度对一个地区的物种进行研究，研究物种多样性的形成、演化、受威胁情况以及保持物种的永续性等。生态系统多样性主要指生物多样性、生物群落多样性和生态过程的多样性。景观多样性是指不同类型的景观在空间结构、功能机制和时间动态方面的多样化和变异。通常种的多样性具有下面2种含义：

(1) 种的数目或丰富度(species richness)

指一个群落或生境中物种数目的多寡。Poole(1974)认为只有这个指标才是唯一真正客观的多样性指标。在统计种的数目的时候，需要说明多大的面积，以便比较。在多层次的森林群落中必须说明层次和径级，否则都是无法比较的。

(2) 种的均匀度(species evenness 或 equitability)

指一个群落或生境中全部物种个体数目的分配状况，它反映的是各物种个体数目分配的均匀程度，例如，群落 X 中有100个个体，其中90个属于种 A，另外10个属于种 B。群落 Y 中也有100个个体，但种 A、B 各占1/2。那么，甲群落的均匀程度就比乙群落低得多。

测定物种群落多样性的公式很多，下面列出的几种常用的具有代表性的公式。

8.3.1 α多样性指数

(1) 辛普森生态优势度指数(Simpson's Diversity Index)

辛普森生态优势度指数是基于在一个无限大的群落中，随机抽取2个个体，它们属于同一物种的概率是多少这样的假设而推导出来的，计算公式为：

$$D = 1 - \sum_{i=1}^{s} P_i^2 \tag{8-3}$$

$$P_i = \frac{N_i}{N}$$

式中，S 为群落中同一层的总种数；P_i 为物种 i 占群落中植物总个体数的比例；N 为群落中同一层中所有植物的总个体数；N_i 为某一物种的个体数。

辛普森多样性指数的最低值为 0，最高值为 $\left(1-\dfrac{1}{S}\right)$。前一种情况出现在全部个体均属于一个种时，后一种情况出现在每个个体分别属于不同种时。

(2) 香农—威纳指数 (Shannon-Wiener Index)

它是用来描述物种个体出现的紊乱和不确定性的。不确定性越大，多样性就越高。其计算公式为：

$$H = -\sum_{i=1}^{S} P_i \ln P_i \tag{8-4}$$

式中，H 为群落的物种多样性指数；P_i 为样地中物种 i 的个体占全部个体的比例；S 为物种数。公式中对数的底可取 2、e 或 10，但单位不同，分别 nit、bit 和 dit。

当群落中有 S 个物种，每一物种恰好只有一个个体时，$P_i = \dfrac{1}{S}$，H 值达到最大，即

$$H_{\max} = -S\left[\dfrac{1}{S}\ln\left(\dfrac{1}{S}\right)\right] = \ln S \tag{8-5}$$

当群落中全部个体为一个物种时，多样性最小，即

$$H_{\min} = \dfrac{-S}{S}\ln\left(\dfrac{S}{S}\right) = 0 \tag{8-6}$$

(3) Pielou 均匀度指数 (E)

$$E = \dfrac{H}{H_{\max}} \tag{8-7}$$

式中，H 为实际观察的物种多样性指数；$H_{\max}$ 为最大的物种多样性指数；$H_{\max} = \ln S$（S 为群落中的总物种数）。

8.3.2 β 多样性指数

β 多样性定义为沿着环境梯度变化的物种替代的程度，即研究区域内物种组成沿着某个梯度方向从一个群落到另一个群落的变化率。不同群落或某环境梯度上不同点之间的共有种越少，β 多样性越大。测定 β 多样性，可以指示生境被物种隔离的程度，比较不同地段的生境多样性。将 β 多样性与 α 多样性结合在一起，可以表示总体多样性或一定地段的生物异质性。

(1) Whittaker 指数 (β_w)

$$\beta_w = \dfrac{S}{m_\alpha} - 1 \tag{8-8}$$

式中，S 为所研究系统中的总种数；m_α 为各样方（或群落）中的平均物种数。

(2) Cody 指数 (β_c)

$$\beta_c = \dfrac{g(H) + l(H)}{2} \tag{8-9}$$

式中，$g(H)$ 为沿生境梯度 H 增加的物种数目；$l(H)$ 为沿生境梯度 H 失去的物种数目，即在下一个梯度中没有，而在上一个梯度中存在的物种数。

8.4 植物群落相似性测定

群落相似性是群落之间或群落属性之间两两比较而存在的，它是群落组成上（包括物种种类、个体数量以及其他可以作为统计量的属性特征）相似程度的定量指标，在一定程度上反映了群落的演替变化和相互关系。

表征群落相似性的指标其实有 2 类，一类是真正的相似性指标，它的数值大小直接反映两实体间的相似程度，即当两个实体完全相同时取最大值，而完全不同时取最小值；另一类指标应该成为分异性指标，它的数值大小反映的是两个实体间的相异程度，即其值越大相似性越小，其值越小相似性越大。但是，从数学上讲，相似和相异是互补的概念，两个指标都同样衡量相似性，所以一般无需严格区分这两类指标而统称为相似性指标。

在研究群落结构特征和进行群落分类时，常需比较不同地点（如不同海拔、坡向、坡度等）或同一地点不同时间所测群落样本的相似性。群落相似性分析（analysis of community similarity）就是通过比较群落样本，确定两个群落的相似程度。群落相似性分析是植被生态学研究的重要内容，也是进行群落分类的基础。生态学家提出了许多测定群落相似性系数的方法，以下简要介绍几种常用的计算方法。

（1）Jaccard 相似系数

$$IS_j(\%) = \frac{c}{a+b-c} \times 100 \tag{8-10}$$

式中，a，b 分别为样方 A，B（或群落 A、B）中的物种总数；c 为两样方中的共有物种总数。c 值越大，两个样方的相似性越大，它们所代表的群落应属于同一类型。当 2 个样方完全相同时，$IS_j = 100\%$。

（2）Czekanowski 相似系数

$$P(\%) = \frac{2C}{A+B} \times 100 \tag{8-11}$$

式中，A，B 分别为 2 个相比较的样地（或群落）中所有物种的盖度；C 为共有物种的盖度之和。C 值越大，2 个样方的相似性越大。

（3）欧氏距离

$$ED_{jk} = \sqrt{(x_{ij} - x_{ik})^2} \tag{8-12}$$

式中，j，k 为相比较的两个样地；S 为物种数；x_{ij}，x_{ik} 为 2 个样地中物种 i 的密度（也可以是任何数量特征值，如盖度或重要值等）。因此，ED_{jk} 度量了 2 个群落样本在欧式空间中所有物种就某个特定数量特征的差异，ED_{jk} 值越小，群落的相似性越高。

在森林群落中，乔木物种的数量和组成相似性也就决定着群落的相似性。本节主要针对森林群落的乔木物种进行调查。

8.5 群落种间关联分析

种间关联(interspecies association)也称种间联结,是指群落中不同物种在空间分布上的互相关联性。在特定群落中,有些物种经常生长在一起,有些则互相排斥。如果两个物种共同出现的次数高于期望值,就称为正关联(positive association),即一个种依赖于另一个种而存在,或受共同的生物和非生物因子影响而生长在一起。如果它们共同出现的次数少于期望值,则为负关联(negative association),即由于竞争、化学他感或对环境的不同需求引起。物种之间也可能无关联,其出现仅受随机因素影响。因此,种间关联性是各物种在群落中可能存在的相互作用关系的反映,体现了物种生态幅的差异,也是群落中生态因子综合效应的反映。种间关联的研究有助于人们确定群落物种相互作用的形式。

表征种间联结的参数大致有两类,即成对物种间的关联指数和多物种间的关联指数。成对物种间的关联指数多是通过二元数据计算的,即以物种对出现或不出现的样方数来反映种间联结特性,如联结系数、共同出现百分率、Ochiai指数和Dice指数等。多物种间的关联指数是通过连续数据计算的,可同时检验多物种间的关联性,如方差比率法。

(1)取样单位的面积和数量

由于种间联结是指一定空间范围内的种间关联性,取样面积对调查结果有重大影响。在均质群落中,预计发生正关联的可能性将随样方面积增大而提高。但样方过大,将导致所有物种为正关联。同时,取样单位的数量对结果也有影响。李刚等(2008)对温带落叶阔叶林辽东栎群落主要乔木种间联结特性与取样面积关系的研究表明,45个100m²(10 m×10 m)的样方就能比较客观、稳定地反映该群落植物种间的联结特性。出于学习的目的,本节建议采用的取样面积和取样数量为:森林群落为20个10 m×10 m的样方,草本植物群落为20个1m×1m的样方。

(2)2×2列关联表

样方设置好后,对样方中的物种组成进行调查,并统计出每个物种出现或不出现的样方数目,将数据填入2×2列关联表(表8-7)。对于具有S个物种的群落,将有$S(S-1)/2$个物种对。2×2列关联表的形式如下:

表8-7 2×2列关联表

物种A	物种B		
	出现	不出现	
出现	a	b	$m=a+b$
不出现	c	d	$n=c+d$
	$r=a+c$	$s=b+d$	$N=a+b+c+d$

注:表中,a是两个物种均出现的样方数,b和c是仅出现一个物种的样方数,d是两个物种均不出现的样方数。

(3)χ^2统计量

χ^2统计量通常用于确定实测值与预期值间偏差的估计。种间联结研究所用的χ^2检验公式是根据 2×2 列关联表的独立性检验，并经连续性校正获得的 Yates 连续 χ^2 分布公式计算的：

$$\chi_t^2 = \frac{N(ad-bc-0.5N)^2}{mnsr} \tag{8-13}$$

由于具有 i 行、j 列的关联表具有 $(i-1)\times(j-1)$ 的自由度，2×2 列关联表的自由度 $df=1$。$df=1$ 时，5%和1%概率水平的 χ_t^2 理论值分别是3.841和6.635。因此，当 $3.841 \leq \chi_t^2 \leq 6.635$ 时，物种间联结性显著（$P<0.05$）；当 $\chi_t^2 > 6.635$ 时，物种间联结性极显著（$P<0.01$）；如果 $\chi_t^2 < 3.841$，物种间联结性不显著（$P>0.05$），即两个物种无关联，彼此无影响，可终止后续计算步骤。如果 χ^2 检验显示物种间联结性显著，则继续计算关联系数，以确定种间关联的性质和程度。

(4) 关联系数 (association coefficient，AC)

关联系数常用下式计算：

$$AC = \frac{ad-bc}{\sqrt{mnsr}} \tag{8-14}$$

在 χ^2 检验显示物种间具有显著联结性的前提下，AC 的正、负分别表示种间存在正、负关联，AC 的绝对值越大，种间关联的程度越高。

实验6　天目山森林群落生物多样性调查

【实习目的】

通过实践，使学生掌握森林群落生物多样性的调查方法和计算方法。

【仪器与工具】

钢卷尺、标本采集袋、植物标本夹、剪裁工具、记录表格等调查所需物材料。

【步骤与方法】

天目山实习区域内具代表性的样地开展调查取样。根据野外实际情况，可以设置 4 m×25 m 的样带，或 20 m×20 m～50 m×50 m 的若干个样方，采取每木检查法记录每种木本植物的种名、胸径、株数等。计算每种木本植物的重要值以推测群落类型；在每个样带或样方四角及中心设置 1 m×1 m 的草本样方，记录草本植物的名录。

【结果与分析】

数据收集整理统计后，计算群落的 α 多样性指数：

(1) 辛普森生态优势度指数（Simpson's diversity index）

辛普森生态优势度指数是基于在一个无限大的群落中，随机抽取2个个体，它们属于同一物种的概率是多少这样的假设而推导出来的，公式为：

$$\lambda = 1 - \sum_{i=1}^{s} P_i^2 \tag{8-15}$$

$$P_i = \frac{N_i}{N}$$

式中，S 为群落中同一层的总种数；N 为群落中同一层中所有植物的总个体数；N_i 为某一物种的个体数。

辛普森多样性指数的最低值为 0，最高值为 $\left(1-\dfrac{1}{S}\right)$。前一种情况出现在全部个体均属于一个种时，后一种情况出现在每个个体分别属于不同种时。

（2）香农—威纳指数（Shannon-Wiener index）

它是用来描述物种个体出现的紊乱和不确定性的。不确定性越大，多样性就越高。其计算公式为：

$$H = -\sum_{i=1}^{S} P_i \ln P_i \quad (8-16)$$

式中，H 为群落的物种多样性指数；P_i 为样地中物种 i 的个体占全部个体的比例；S 为物种数。公式中对数的底可取 2、e 或 10，但单位不同，分别 nit、bit 和 dit。

当群落中有 S 个物种，每一物种恰好只有一个个体时，$P_i=\dfrac{1}{S}$，H 值达到最大，即

$$H_{\max} = -S\left[\dfrac{1}{S}\ln\left(\dfrac{1}{S}\right)\right] = \ln S \quad (8-17)$$

当群落中全部个体为一个物种时，多样性最小，即

$$H_{\min} = \dfrac{-S}{S}\ln\left(\dfrac{S}{S}\right) = 0 \quad (8-18)$$

（3）Pielou 均匀度指数（E）

$$E = \dfrac{H}{H_{\max}} \quad (8-19)$$

式中，H 为实际观察的物种多样性指数；$H_{\max}$ 为最大的物种多样性指数；$H_{\max}=\ln S$（S 为群落中的总物种数）。

实验 7　天目山森林群落相似性调查

天目山森林群落相似性调查

【实习目的】

通过实践，使学生掌握森林群落相似性的调查方法和计算方法。

【仪器与工具】

皮尺、钢卷尺、计算器、铅笔、橡皮、标签、海拔仪、罗盘仪、GPS、记录表格等。

【步骤与方法】

在天目山相同海拔地段南北坡设置样地（或任何能形成对比的生境都可设置样地），在这 2 个坡向的生境中各设置 2 个面积为 20 m×20 m 的样方。对生境（H）和样方（Q）进行编号，测定并记录样方所在地点的海拔、地理位置、坡向、坡度、坡位、干扰因素和干扰程度等基本信息。在设置样方时，不要在样方内随意走动和踩踏，以免影响测定结果。

测定每个样方中的乔木种数、每个物种的密度和胸径。将胸高直径换算成圆面积计算

每个物种的基部盖度。将数据记录在表8-8中。

【结果与分析】

(1) 参数计算

生境内(同一坡向)和生境间(不同坡向)共15对可比较样方。统计所有成对样方间的共有物种数。计算所有成对样方间的 IS_j、P 和 ED 值。将结果列成矩阵表(表8-9)。

①Jaccard 相似系数:

$$IS_j(\%) = \frac{c}{a+b-c} \times 100 \qquad (8-20)$$

式中,a,b 分别表示样方 A、B(或群落 A、B)中的物种总数;c 为 2 样方中的共有物种总数。c 值越大,2 个样方的相似性越大,它们所代表的群落应属于同一类型。当 2 个样方完全相同时,$IS_j = 100\%$。

②Sorensen 相似系数:

$$P(\%) = \frac{2c}{a+b} \times 100 \qquad (8-21)$$

式中,a,b 分别为 2 个相比较的样地(或群落)中所有物种的盖度;c 为共有物种的盖度之和。c 值越大,2 个样方的相似性越大。

③欧氏距离:

$$ED_{jk} = \sqrt{(x_{ij} - x_{ik})^2} \qquad (8-22)$$

式中,j,k 为相比较的两个样地;S 为物种数;x_{ij},x_{ik} 为两个样地中物种 i 的密度(也可以是任何数量特征值,如盖度或重要值等)。因此,ED_{jk} 度量了 2 个群落样本在欧式空间中所有物种就某个特定数量特征的差异,ED_{jk} 值越小,群落的相似性越高。

(2) 群落相似性比较与分析

比较生境内和生境间群落 IS_j、P 和 ED 值的相似性。在理论上,群落的相似性在生境内应大于生境间。利用 SPSS 软件,分别对生境间(H_1 和 H_2)群落的 IS_j、P 和 ED 值进行 t 检验。

表8-8 群落相似性调查记录表

地点: 　　群落类型: 　　生境: 　　地理位置: 　　坡向:
坡度: 　　坡位: 　　干扰因素和干扰程度:
样方编号: 　　班级: 　　组别: 　　记录人: 　　日期:

物种序号	物种名称	密度	胸高直径	基部盖度
1				
2				
3				
…	…	…	…	…
n				

表 8-9　群落相似性系数计算表

地点：　　　　群落类型：　　　　相似性系数：　　　　地理位置：　　　　坡向：
坡度：　　　　坡位：　　　　　　干扰因素和干扰程度：
样方编号：　　班级：　　　　　　组别：　　　　　　　记录人：　　　　　日期：

生境 (H)	样方 (Q)	H_1					H_2				
		Q_1	Q_2	Q_3	Q_4	Q_5	Q_6	Q_7	Q_8	Q_9	Q_{10}
H_1	Q_1	1.00									
	Q_2		1.00								
	Q_3			1.00							
	Q_4				1.00						
	Q_5					1.00					
H_2	Q_6						1.00				
	Q_7							1.00			
	Q_8								1.00		
	Q_9									1.00	
	Q_{10}										1.00

实验 8　森林群落种间关联调查分析

森林群落种间关联调查分析

【实习目的】

通过实践，使学生掌握森林群落种间关联调查和计算方法。

【仪器与工具】

皮尺、钢卷尺、计算器、铅笔、橡皮、标签、海拔仪、罗盘仪、GPS、记录表格等。

【步骤与方法】

(1) 样地设置

每个小组选一块森林群落或草本植物群落设置样地。森林群落样地设在落叶阔叶林或柳杉林中，共 20 个 10 m×10 m 的样方；草本植物群落样地设在开阔的林间草地群落，设 20 个 1 m×1 m 的样方。样方位置视群落样地状况以矩阵形式排列（i 行×j 列），样方矩阵的行与等高线平行，行、列要有一定间距（2~5 m）。测定并记录样地的海拔、地理位置、坡向、坡度、干扰因素和干扰程度等基本信息。

(2) 调查方法与步骤

对于森林群落，调查各样方中的所有乔木种类。对于草本植物群落，则调查样方中的所有植物种类。物种存在记为"√"，物种不存在记为"×"。将调查数据填入表 8-10。

表 8-10　种间关联性调查记录表

地点：　　　　群落类型：　　　　地理位置：　　　　坡向：　　　　样方面积：
坡度：　　　　坡位：　　　　干扰因素和干扰程度：
班级：　　　　组别：　　　　记录人：　　　　日期：

种名	样方																			
	1	2	3	4	5	6	7	8	9	10	11	12	13	14	15	16	17	18	19	20
1																				
2																				
3																				
4																				
…																				
n																				

(3) 关联性检验

应用 SPSS 软件，进行所有成对物种的 χ^2 独立性检验。如果物种间联结性显著，则计算其 AC 值。

χ^2 统计量通常用于确定实测值与预期值间偏差的估计。种间联结研究所用的 χ^2 检验公式是根据 2×2 列关联表的独立性检验，并经连续性校正获得的 Yates 连续 χ^2 分布公式计算的：

$$\chi_t^2 = \frac{N(ad-bc-0.5N)^2}{mnsr} \tag{8-23}$$

由于具有 i 行、j 列的关联表具有 $(i-1)\times(j-1)$ 的自由度，2×2 列关联表的自由度 $df=1$。$df=1$ 时，5% 和 1% 概率水平的 χ^2 理论值分别是 3.841 和 6.635。因此，当 $3.841 \leqslant \chi_t^2 \leqslant 6.635$ 时，物种间联结性显著($P<0.05$)；当 $\chi_t^2 > 6.635$ 时，物种间联结性极显著($P<0.01$)；如果 $\chi_t^2 < 3.841$，物种间联结性不显著($P>0.05$)，即 2 个物种无关联，彼此无影响，可终止后续计算步骤。如果 χ^2 检验显示物种间联结性显著，则继续计算关联系数，以确定种间关联的性质和程度。

(4) 关联系数(association coefficient, AC)

关联系数常用下式计算：

$$AC = \frac{ad-bc}{\sqrt{mnsr}} \tag{8-24}$$

在 χ^2 检验显示物种间具有显著联结性的前提下，AC 的正、负分别表示种间存在正、负关联，AC 的绝对值越大，种间关联的程度越高。

根据表 8-10 的数据，统计所有成对物种的 a、b、c、d 值，计算相对应的 m、n、s、r 值。将计算结果填入表 8-11。

表 8-11 种间关联分析表

地点：　　　　群落类型：　　　　地理位置：　　　　坡向：　　　　样方面积：
坡度：　　　　坡位：　　　　　　干扰因素和干扰程度：
班级：　　　　组别：　　　　　　记录人：　　　　　日期：

物种对	a	b	c	d	m	n	s	r	χ^2	AC
1-2										
...										
i-j										

(5) 群落物种关联分析

确定群落中发生正、负和无关联的种对比例及其关联性的强弱，分析种间关联性特征，全面认识群落现有物种的种间相互作用性质和作用程度。

案例 5　天目山柳杉群落结构及其更新类型

1. 研究区域与对象

研究区域为天目山国家级自然保护区，研究对象柳杉在天目山分布的海拔高度 350~1100 m，1100 m 附近有大量分布。

2. 研究方法

(1) 野外调查方法

在柳杉分布集中的老殿(海拔 1100 m)附近，以典型的柳杉群落为对象，选取标准样地进行系统的群落学调查。样方面积为 50 m×50 m。样地为前庙基地，地势平缓，坡度约为 5°，坡向为南偏东方向。为便于调查，将样方划分为 25 个 10 m×10 m 的小样格，对每个样格内所有高于 1.5 m 的木本植物进行每木调查。首先鉴别植物种类，测定记录每株植物的高度(m)和胸径(cm)，并对柳杉植株进行定位，具体的方法是以样地的两条相互垂直的边为坐标轴，记录柳杉个体在样地中的坐标(x, y)，根据坐标绘制柳杉位置分布图。对高度 1.5 m 以下的草本层，测定每个种类的最大高度，并目测其盖度。为了考察讨论柳杉的更新机制，又对林内柳杉倒木群落进行了调查，调查面积为 2 m×5 m，对分布在倒木上的乔木树种幼苗的高度、盖度和年龄逐一进行了测定。

(2) 数据分析方法

木本层的优势种由优势度分析法确定。公式如下：

$$d = \frac{1}{N}\left[\sum_{i\in T}(x_i - x)^2 + \sum_{i\in T}x_j^2\right] \quad (8-25)$$

式中，x_i 为前位树种(top species)的相对基部面积(%)；x 为以优势种(dominant species)数量确定的优势种理想百分比(ideal percentage share)；x_j 为剩余种(remaining species)的百分比；N 为总种数。如果群落只有一个优势种，则优势种的理想百分比为 100%。如果有 2 个优势种，则它们的理想百分比为 50%；如果有 3 个优势种，则理想百分比为 33.3%，依此类推。用相对基部面积的百分比值(%)来表征每个种的优势度。

草本层的优势种确定方法：

(单个物种的最大高度×盖度)÷(所有物种的最大高度×盖度之和)×100%

多样性指数采用 Shannon-Wiener 指数：

$$D_{sw} = -\sum_{i=1}^{s} P_i \log_2 P_i \tag{8-26}$$

式中，P_i 为第 i 种的相对数量；S 为群落的物种数。

(3) 种群的空间分布格局分析

选用方差均值比法分析柳杉种群的分布格局，公式为 s^2/m。式中：

$$s^2 = \frac{\sum f(x)^2 - \frac{1}{N}\left[\sum f(x)\right]^2}{N-1}, \quad m = \frac{1}{N}\sum f(x) \tag{8-27}$$

式中，$\sum$ 表示总和；x 为样方中的个体数；f 为出现频率；N 为样本总数。

该比值的含义是，如果 $s^2/m = 1$，则个体分布符合 Poisson 分布，是随机分布；如果 $s^2/m > 1$，则个体分布趋向于聚集分布；若 $s^2/m < 1$，则趋向于均匀分布，该值的显著性可用 t 检验。

(4) 种群年龄结构

采用径级结构代替年龄结构的方法分析种群结构和动态特性。柳杉种群的径级结构按胸径划分，每 5cm 为一个胸径级，并绘制胸径级频度分布结构图。

3. 结果

(1) 群落特征

①种类组成　柳杉群落内有种子植物 72 种，分属 55 属 37 科。从生活型区分来看，常绿针叶乔木有 3 种，由柳杉和三尖杉(*Cephalotaxus fortunei*)组成；常绿阔叶乔木 6 种，由小叶青冈、短尾柯、褐叶青冈、青冈、交让木和豹皮樟组成；落叶阔叶乔木 16 种，主要由香果树、青钱柳、华东野胡桃、天目木姜子等组成；常绿灌木 3 种，主要由微毛柃等组成；落叶灌木 37 种，主要由红果钓樟(*Lindera erythrocarpa*)，红脉钓樟和山胡椒(*Lindera glauca*)等组成(表 8-12)。72 种木本植物中，常绿的 12 种，占总种数的 16.7%，落叶的 60 种，占总种数的 83.3%。群落多样性指数(Shannon-Wiener)为 1.938。优势种为柳杉，其优势度为 89%，群落为单种优势类型。

表 8-12 柳杉群落种类组成

	树种	基部面积(cm²)	相对基部面积(%)	最大胸径(cm)	平均胸径(m)	种数
常绿针叶乔木	柳杉	250 370.0	89.0	214.0	43.2	59
	杉木	2616.3	0.9	29.0	8.3	24
	三尖杉	138.1	<0.1	13.6	13.6	1
	落叶针叶乔木					
	金钱松	23.8	<0.1	5.5	5.5	1
	常绿阔叶乔木					

(续)

	树种	基部面积(cm²)	相对基部面积(%)	最大胸径(cm)	平均胸径(m)	种数
常绿针叶乔木	小叶青冈	2794.9	1.0	28.0	3.6	123
	短尾柯	2697.7	1.0	39.5	3.8	79
	交让木	872.4	0.3	17.5	3.6	48
	褐叶青冈	623.4	0.2	19.0	4.4	20
	豹皮樟	222.5	0.1	9.5	3.1	18
	青冈	0.3	<0.1	0.6	0.6	1
落叶阔叶乔木	青钱柳	6317.6	2.2	85.0	10.5	14
	香果树	5817.6	2.1	55.5	10.7	19
	华东野胡桃	2000.6	0.7	35.5	17.2	6
	灯台树	709.6	0.3	20.0	8.7	8
	天目木姜子	441.8	0.2	22.5	15.0	2
	黄山玉兰	187.3	0.1	11.5	8.0	3
	锐齿槲栎	145.3	0.1	13.6	13.6	1
	红枝柴	66.2	<0.1	5.5	3.2	6
	茅栗	50.3	<0.1	8.0	8.0	1
	苦枥木	41.6	<0.1	7.0	4.5	2
	山拐枣	40.6	<0.1	7.0	1.7	6
	秀丽槭	24.7	<0.1	5.0	2.7	3
	拟赤杨	18.0	<0.1	3.5	1.5	7
	雷公鹅耳枥	9.7	<0.1	3.5	1.3	3
	山桐子	5.7	<0.1	2.5	1.8	2
	黄檀	3.1	<0.1	1.7	1.4	2
常绿阔叶灌木	微毛柃	176.2	0.1	9.5	3.5	12
	胡颓子	20.9	<0.1	3.0	1.2	14
	崖花海桐	5.1	<0.1	2.5	1.0	3
	半常绿或落叶乔木					
	肉花卫矛	17.9	<0.1	4.0	2.4	3
	蜡子树	6.4	<0.1	1.5	1.1	6
	落叶阔叶灌木					
	红果钓樟	970.9	0.3	17.5	3.6	48
	柘树	809.0	0.3	25.5	5.1	16
	红脉钓樟	802.1	0.3	10.5	2.5	111
	山胡椒	677.7	0.2	7.5	2.2	111
	野桐	228.4	0.1	11.5	4.7	9
	野漆树	216.2	0.1	10.0	2.3	24

(续)

	树种	基部面积(cm²)	相对基部面积(%)	最大胸径(cm)	平均胸径(m)	种数
常绿阔叶灌木	白檀	199.2	0.1	5.5	2.0	49
	瓜木	134.3	<0.1	13.0	5.0	3.0
	荚蒾	123.3	<0.1	5.5	1.6	46
	紫珠	114.7	<0.1	5.5	1.5	41
	倒卵叶忍冬	107.3	<0.1	4.0	1.9	30
	满山红	72.1	<0.1	5.0	3.8	6
	薄叶野桐	71.7	<0.1	6.0	5.5	3
	绿叶甘橿	68.1	<0.1	2.0	0.9	90
	野珠兰	51.1	<0.1	3.0	1.0	44
	日本常山	47.7	<0.1	1.2	0.9	76
	伞形绣球	40.0	<0.1	2.0	0.9	49
	垂枝泡花树	37.5	<0.1	4.5	3.1	4
	蝴蝶荚蒾	31.2	<0.1	3.0	1.6	13
	青灰叶下珠	25.4	<0.1	3.2	1.6	10
	盾叶莓	21.0	<0.1	1.1	1.0	27
	川榛	14.9	<0.1	2.0	1.6	7
	灰叶稠李	12.6	<0.1	2.5	1.5	6
	牡荆	8.1	<0.1	2.5	2.3	2
	茶荚蒾	7.2	<0.1	2.0	1.4	4
	榱木	6.8	<0.1	1.5	0.9	9
	大青	6.3	<0.1	2.0	2.0	2
	下江忍冬	6.1	<0.1	2.0	1.3	4
	中华蜡瓣花	4.9	<0.1	2.0	1.8	2
	野鸦椿	3.5	<0.1	1.5	1.5	2
	山梅花	3.1	<0.1	2.0	2.0	1
	中国旌节花	2.5	<0.1	1.8	1.8	1
	臭牡丹	2.1	<0.1	1.1	0.9	3
	老鸦糊	2.0	<0.1	1.6	1.6	1
	山茱萸	1.0	<0.1	1.0	0.8	2
	野山楂	0.8	<0.1	1.0	1.0	1
	青荚叶	0.5	<0.1	0.8	0.8	1
	藤状灌木		<0.1			
	哥兰叶	3.3	<0.1	1.1	1.0	4

②群落垂直结构 样地全部植株的高度级频率分布反映群落的分层结构。由图8-1可以看出，所调查的群落除草本层外，林木层可分为4层，由上至下分别为乔木Ⅰ层、乔木Ⅱ层、灌木Ⅰ层和灌木Ⅱ层。乔木Ⅰ层之上另有不连续的超高层存在，由柳杉和杉木组

成,高度多在28~36 m,盖度为30%。乔木Ⅰ层除柳杉、杉木外,还有香果树、黄山玉兰(*Yulania cylindrica*)、等7种植物组成,高度在20~25 m,盖度为50%;乔木Ⅱ层植物种类丰富,除上层木外,还有小叶青冈、天目木姜子、红果钓樟等13种植物组成,高度为12~20 m,盖度为60%;灌木Ⅰ层由山胡椒、红果钓樟、豹皮樟、交让木等25种植物组成,高度为5~10 m,盖度为50%;灌木Ⅱ层由豹皮樟、红果钓樟等30种植物组成,高度为1.5~5.0 m,盖度为20%。林下草本丰富,成分复杂,主要包括短毛金线草(*Antenoron filiforme* var. *neofiliforme*)、楼梯草(*Elatostema involucratum*)、荩草(*Arthraxon hispidus*)和牛膝(*Achyranthes bidentata*)等组成。草本层还有一些乔木幼苗,如香果树、杉木、小叶青冈、豹皮樟和交让木等,高度小于1.5 m,盖度为20%。

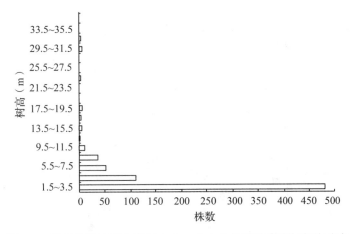

图8-1 柳杉林样地所有高于1.5 m的木本植物的高度级频率分布

(2)柳杉种群结构特征

①柳杉径级结构 从柳杉的胸径级频度分布看,径阶呈不连续状分布,属于间歇型(sporadic type)分布类型,并存在3个明显的径阶分布中心,分别为0~30 cm,45~115 cm和150~215 cm(图8-2)。具有此种种群结构的种类,小径阶分布区有较多的个体,其后的

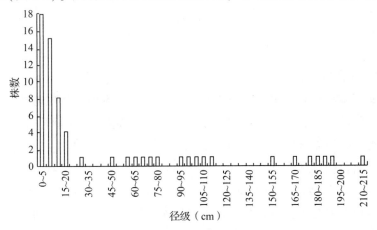

图8-2 柳杉群落径级频度分布

大径级分布区，每个胸径级只有一株个体。从更新角度看，柳杉种群幼树的储备极其丰富，有较多后继更新个体，种群能够自然更新，但从其分布的不连续性看，具有机会性，其更新需要一定的生境条件，如林内倒木上或林窗。

②种群内分布型　柳杉种群空间分布如图8-3所示。从整体看，属典型的集群分布，方差值比法分析的结果也证明了这一点，其s^2/m值为2.771。3个不连续径阶分布区的方差均值比s^2/m值分别为3.131、1.857和1.007，随植株个体大小的增加，s^2/m值呈递减趋势，即种群由集群分布向随机分布变化。从样地观察到柳杉的幼树主要集中分布于林内倒木、林窗等一些特殊生境中，但随着植株的生长，通过个体间的自疏机制，一些幼苗幼树逐渐被淘汰，最终大个体植株形成随机分布类型。

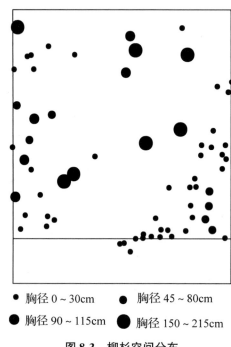

· 胸径 0～30cm　　● 胸径 45～80cm
● 胸径 90～115cm　● 胸径 150～215cm

图8-3　柳杉空间分布

4. 讨论

(1) 柳杉种群的更新类型

种群结构属间歇型分布的植物一般为林冠层的主要构成种。从生态特征看，这些种类具有中等程度耐阴的特性，幼苗的耐阴性较好，但中、高大个体的耐阴性有一定程度的降低，经常出现在干扰适度、面积较大(枯死、倒木或倒伏个体达数十株程度)的林窗内或林缘部，其更新具有机会性和波动性特征。从在演替过程中的位置来看，一些种类具有介于先锋种与顶极种之间的性质，如木荷和红楠(*Machilus thunbergii*)是演替系列群落的优势种。但由于一些树种寿命可达数百年，可以延续至顶极群落并成为优势种，因此大多数的间歇型树种可以被认为林冠组成种中尚未分化完全的顶极性先锋种，我们认为柳杉林是天目山海拔1000 m附近的顶极群落或演替的后期群落。由于柳杉的枯枝落叶在天然条件下很难分解，加上海拔1100 m处气温较低，更延缓了其分解速度，致使柳杉的幼苗由于无法扎根于地上而不能成活，因此样方内没有发现柳杉幼苗。倒木或伐桩凸出地表，给幼苗提供了扎根条件。对柳杉倒木群落的调查发现有28株1~5年生柳杉幼苗正基于此因（表8-13），所以柳杉在天目山可以进行幼苗库更新，但具有机会性和不连续性。

表8-13 柳杉倒木群落特征

树种	锥状势度(%)(幼苗株数)	树种	锥状势度(%)(幼苗株数)
蓝果树	42.0	香果树	0.5(2)
柳杉	5.0(28)	短毛金线草	39.7
金钱松	1.5(7)	冷水花	9.9

注：优势度是每种植物的最大高度乘以多盖度值除以全体植物的最大高度乘以多盖度的和所得的百分比。

(2) 天目山柳杉林起源与保护

天目山为中国柳杉的分布中心之一，在陡峭的悬崖边，可看见成片的柳杉天然林分布。据访问调查，样方内的大柳杉是寺院的僧人所栽，而柳杉的空间分布图（图8-3）显示：样方内柳杉中小个体没有成行成列或其他有规则的排列方式，说明样方内的柳杉是自然更新群落。虽然样方内未发现柳杉幼苗，但调查的柳杉倒木群落中有28株1~5年生的柳杉实生苗（表8-13），说明在一些能够扎根生长的特殊的生境（如倒木、伐桩等）中，柳杉幼苗能够成活，并进行自然更新。而天目山游道边整齐排列的柳杉绝大多数是人工栽培的，然而也不排除有个别野生植株的存在。据此，我们认为，天目山柳杉为人工林与自然林共存状态，林内倒木、伐桩等的保留，幼树的种植等措施的实施，可大大促进和改善柳杉的更新。

案例6　天目山金钱松群落特征及其物种多样性研究

1. 样地设置

在全面踏勘的基础上，选择天目山国家级自然保护区内金钱松种群分布集中且林分保持良好的典型地段设立1600 m²的样地7块，在样地中根据实际情况设置2~4个20 m×20 m标准样地，并记录标准样地分布地区、面积、海拔、经度等因子（表8-14）。乔木层采用每木调查，详细记录树种、胸径、树高、冠幅等。在每块标准样地的四周与中心各设置5块5 m×5 m的灌木样方和25块1 m×1 m的草本样方，详细记录灌木种类、株数、盖度、高度、基径以及草本种类、株数、盖度、平均高度等。群落中的某些植物，因其植物性状为攀援木本或草本，有藤本类植物的一些特征，故也计入灌木层内。

表 8-14 调查样地基本情况表

样地	分布区	样地面积（m²）	海拔（m）	经度（119°25′E）	纬度（30°20′N）	坡向
Q_1	仙人顶	1600	1470~1490	445″~491″	920″~997″	西南、东
Q_2	开山老殿西侧禁游区	1600	1170~1190	548″~605″	529″~587″	南、西南
Q_3	开山老殿西侧禁游区	1600	1160~1190	390″~454″	624″~642″	南、东南
Q_4	五世同堂—开山老殿	1600	1070~1165	011″~260″	465″~566″	南
Q_5	四面峰—冲天树	1600	1040~1080	482″~266″	427″~576″	南、东南
Q_6	眠牛石—连理树	1600	900~1070	978″~992″	299″~448″	东南
Q_7	三里亭—五里亭	1600	700~840	026″~156″	106″~244″	南

2. 数据处理

(1) 根据计算公式测定群落物种重要值指数和多样性指数。其中，乔木层重要值=（相对高度+相对显著度+相对多度）/3；灌木和草本植物的重要值=（相对多度+相对盖度）/2。

多样性指数主要应用物种丰富度指数（$S_A = S$，S 为物种数目）、Simpson 生态优势度指数、Shannon-Wiener 指数和 Pielou 均匀度指数。

(2) 统计群落物种生活型。按照 Raunkiaer 生活型分类系统统计群落中植物的生活型并建立生活型谱。

(3) 种群年龄结构。学术界相关学者在其研究中用径级结构法替代年龄结构，效果明显。本研究结合相关研究结果分析金钱松种群的径级结构、高度结构，从而反映金钱松种群的结构特征。径级结构的分级标准：径级Ⅰ，$DBH<2$ cm；径级Ⅱ，2 cm$\leq DBH<5$ cm；径级Ⅲ，5 cm$\leq DBH\leq 10$ cm；径级Ⅳ，$DBH>10$ cm。高度结构的分级标准：高度级Ⅰ，$H<3$ m；高度级Ⅱ，3 m$\leq H<5$ m；高度级Ⅲ，5 m$\leq H\leq 10$ m；高度级Ⅳ，$H>10$ m。

3. 结果与分析

(1) 群落种类组成分析

经调查及标本资料统计，浙江天目山金钱松群落维管束植物有 84 科 190 属 262 种，其中蕨类植物 6 科 8 属 9 种、裸子植物 5 科 7 属 7 种、被子植物 73 科 175 属 246 种。含 10 种以上的科有 5 科，分别为蔷薇科（Rosaceae）、禾本科（Gramineae）、百合科（Liliaceae）、樟科（Lauraceae）和豆科（Leguminosae），占总科数的 5.95%；含 2~9 种的科有 44 科，占总科数的 52.38%；含单种的科共有 31 科，占总科数的 36.90%。

根据吴征镒中国种子植物区系地理成分划分标准，把所含属数从大到小进行排序（表 8-15），温带分布属>热带分布属>世界分布属>中国特有分布属，依次为 112 属、53 属、16 属和 1 属，该植物区系以温带成分为绝对优势，其次为热带成分。在温带分布型的 112 属中，分别以北温带分布属、东亚—北美洲间断分布属、旧世界温带分布属为主要分布属，有 84 属，占总属的 46.7%；而在热带分布型的 53 属中，泛热带分布属有 18 属，占总属的 9.9%。

表 8-15 金钱松群落种子植物属的分布区类型

分布区类型	天目山		金钱松群落	
	属数	百分比(%)	属数	百分比(%)
1. 世界分布	62	10.8	16	8.8
2. 泛热带分布	107	18.7	18	9.9
3. 热带美洲和热带亚洲间断分布	8	1.4	4	2.2
4. 旧世界热带分布	25	4.4	8	4.4
5. 热带亚洲至热带大洋洲分布	24	4.2	5	2.7
6. 热带亚洲至热带非洲分布	19	3.3	1	0.5
7. 热带亚洲分布	25	4.4	17	9.3
8. 北温带分布	116	20.2	44	24.2
9. 东亚和北美洲间断分布	65	11.3	28	15.4
10. 旧世界温带分布	34	5.9	12	6.6
11. 温带亚洲分布	11	1.9	2	1.0
12. 地中海区、西亚至中亚分布	1	0.2	1	0.5
13. 中亚分布	—	—	—	—
14. 东亚分布	56	9.8	25	13.7
15. 中国特有分布	21	3.7	1	0.5
合计	573	100.0	182	100.0

通过对金钱松群落种子植物分布型与天目山种子植物分布型进行比对，金钱松群落植物温带分布属不仅在该地总属中所占比例高，处于绝对优势，而且比天目山种子植物温带分布属所占比例高，说明金钱松群落明显具有温带特性；而热带分布属却比天目山种子植物热带分布属所占比例低，这可能是由于泛热带分布属、热带亚洲至热带大洋洲分布属和热带亚洲至热带非洲分布属延伸到北温带分布属、东亚—北美洲间断分布属以及东亚分布属所致；其余各类属分布型的百分率较为接近。

(2) 群落外貌特征分析

在天目山金钱松群落中大高位芽(MG)、中高位芽(MS)、小高位芽(M)、矮高位芽(N)、攀缘植物(S)、地上芽(Ch)、地面芽(HK)、隐芽(K)、一年生植物(T)等 9 大类生活型中，高位芽植物占有绝对优势，共计 171 种，占 67.59%，以松科(Pinaceae)、壳斗科(Fagaceae)、槭树科(Aceraceae)等为主，这些植物在区系划分上大多数属于北温带分布和东亚—北美间断分布，在金钱松群落中容易生长形成占据优势的种群。在调查样地中，发现高位芽植物中的大高位芽植物较少，仅占 4.74%，其余 4 个类型百分比较为接近。此外地面芽植物有 47 种，占 18.58%，多以蓼科（Polygonaceae）、景天科（Crassulaceae）、菊科（Compositae）等为主（表 8-16）。

表 8-16　天目山金钱松群落种子植物生活型组成

生活型	高位芽					地上芽	地面芽	隐芽	一年生植物	合计
	大高位芽	中高位芽	小高位芽	矮高位芽	攀援植物					
种数	12	42	36	42	39	8	47	19	8	253
百分比（%）	4.74	16.60	14.23	16.60	15.42	3.16	18.58	7.51	3.16	100

（3）群落多样性分析

①不同层次群落多样性的研究　从表 8-17 可以看出，在 7 个样地中，天目山金钱松群落维管束植物物种丰富度差异较大。Q_2 样地中物种最为丰富，Q_5 样地中群落次之，其后为 Q_4 样地、Q_1 样地、Q_3 样地、Q_6 样地和 Q_7 样地，物种数依次分别为 93、85、68、67、62、50 和 48 种。灌木层和草本层的物种丰富度指数要高于乔木层，这表明金钱松群落的丰富度指数主要取决于灌木层和草本层。

表 8-17　天目山金钱松群落物种多样性指数

层次	指标	样地						
		Q_1	Q_2	Q_3	Q_4	Q_5	Q_6	Q_7
乔木层	S_A	16	22	13	17	25	21	15
	H	2.6038	2.7415	2.3767	2.3407	2.7853	2.7008	2.0184
	λ	0.0887	0.0754	0.0963	0.1515	0.0815	0.0969	0.1840
	E	0.9391	0.8869	0.9265	0.8262	0.8704	0.8871	0.7453
灌木层	S_A	22	29	18	24	29	17	19
	H	2.1606	3.0238	2.6121	2.8464	3.1493	2.0573	1.7931
	λ	0.2455	0.0647	0.0950	0.0930	0.0570	0.2155	0.2700
	E	0.6990	0.8980	0.9037	0.8956	0.9373	0.7261	0.6090
草本层	S_A	29	42	31	27	31	12	14
	H	2.6725	3.6340	2.7353	3.0440	3.2416	2.3101	2.4261
	λ	0.1675	0.4403	0.1780	0.0605	0.0502	0.1020	0.0922
	E	0.8646	0.9723	0.7965	0.9237	0.9451	0.9297	0.9193

注：表中 S_A 为物种丰富度，H 为 Shannon-Wiener 物种多样性指数；λ 为 Simpson 生态优势度指数，E 为 Pielou 均匀度指数。

而各群落物种多样性指数在物种数目上的变化与丰富度指数的情况稍有不同，如 Q_6 样地中，灌木层的物种数（$S_A=17$），大于草本层的物种数（$S_A=12$），反而灌木层的物种多样性指数（$H=2.0573$）小于草本层的物种多样性指数（$H=2.3101$），这与 Q_6 样地的灌木层物种间的重要值都比较接近有关。又如 Q_1 样地和 Q_7 样地中乔木层的物种数均小于灌木层的物种数，但乔木层的物种多样性指数均大于灌木层的物种多样性指数，这与乔木层中金钱松种群占有较大的优势有关。

从多样性指数可知，乔木层：Q_5样地和Q_2样地的Shannon-Wiener指数均较高（$H=2.7853$和$H=2.7415$），Simpson生态优势度指数均较低（$\lambda=0.0815$和$\lambda=0.0754$），反映出这2个群落类型乔木物种多样性较为丰富，且分布较为均匀；Q_7样地则呈现相反的特征，Shannon-Wiener指数最低（$H=2.0184$），而Simpson生态优势度指数最高（$\lambda=0.1840$），可见该群落类型乔木物种种类少，且成簇分布。灌木层：与乔木层的相似较高，即Q_5样地和Q_2样地的Shannon-Wiener指数均较高（$H=3.1493$和$H=3.0238$），Simpson生态优势度指数均较低（$\lambda=0.0570$和$\lambda=0.0647$），7号群落Shannon-Wiener指数最低（$H=1.7931$），Simpson生态优势度指数最高（$\lambda=0.2700$）。草本层：$Q2$样地的Shannon-Wiener指数最高（$H=3.6340$），Simpson生态优势度指数也最高（$\lambda=0.4403$），说明该群落类型草本物种多样性较为丰富，且成簇分布。这与乔木层和灌木层的差异较明显。

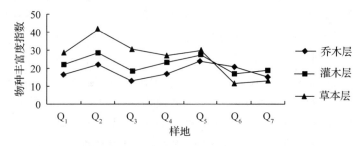

图8-4 海拔对物种丰富度指数的影响

②不同海拔对群落多样性的影响 物种丰富度指数是物种多样性测度中较为简单且生物学意义明显的指数。由图8-4可知：从整体上来看，不同海拔高度对乔木层和灌木层的物种丰富度指数影响较小，但草本层的物种丰富度差异较大，图像反映曲折波动较大，其中草本层的植物种数在12~42之间。在Q_2和Q_5样地中乔、灌、草3层变化明显，物种数先升后降，然后再升高，呈现双峰变化。但是7个样地物种丰富度指数整体上呈现出草本层>灌木层>乔木层的规律。物种数的几个极大值出现在Q_2和Q_5处。其中：Q_2是针叶林向阔叶林的过渡带，Q_5是落叶阔叶林向常绿阔叶林的过渡带，物种数在这两地出现峰值。物种数的几个极小值出现在Q_3和Q_6处。这2个极值的类型分别为针叶林下河地段和针阔混交林下河地段，这些地段内大都存在积水，含水量丰富。所以，水分稳定的理化性质是导致这几个样地植物种数较少的主要原因。

Shannon-Wiener指数是按照信息论中熵的公式原理来设计的。信息论中熵的公式原来是表示信息的紊乱和不确定程度，生态学家将其用来描述物种个体出现的紊乱和不确定性也是可以的。由图8-5可知：从整体上来看，随着海拔高度的变化，Q_1~Q_7中乔、灌、草的Shannon-Wiener指数变化较小，且变化趋势较为平缓。具体来讲，草本层的Shannon-Wiener指数最大，依次是灌木层、乔木层。这说明天目山金钱松群落中草本层的物种多样性最高，其次为灌木层，乔木层物种多样性最低。这个规律主要表现在Q_1~Q_5样地，而Q_6和Q_7样地不是很明显。

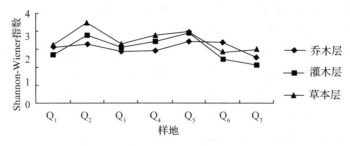

图 8-5　海拔对 Shannon-Wiener 指数的影响

Simpson 生态优势度指数反映各物种种群数量的变化情况，优势度指数越大，说明群落内物种数量分布越不均匀，优势种的地位越突出。由图 8-6 可知：随着海拔高度的递减，乔木层的 Simpson 生态优势度指数呈现出先升再降，最后又升的趋势，且整体趋势较为平缓。这是由于随着海拔高度的变化，天目山金钱松群落中乔木层树种的优势度变化不是很明显所致，这一规律在物种丰富度指数上也有所反映。灌木层的 Simpson 生态优势度指数呈现出先下降再上升的趋势，且趋势波动很大，在 Q_5 样地出现转折点，这主要是由于 Q_5 样地为落叶阔叶树种和常绿阔叶树种的过渡带，造成林下灌木层植物的多样性程度较高，且各自在种间竞争过程中比较激烈，因此优势度不是很明显。而 Q_1 和 Q_7 样地的 Simpson 生态优势度指数均较高且比较接近，这说明高海拔或低海拔处灌木层中物种的优势度较为明显。草本层的 Simpson 生态优势度指数主要呈现出逐渐递减的趋势，且趋势较为明显，这主要是由于随着海拔高度的递减，草本层的植物种类丰富度递增且没有明显的优势度所致。

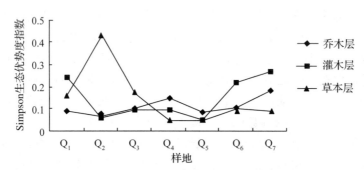

图 8-6　海拔对 Simpson 生态优势度指数的影响

Pielou 均匀度指数从一定程度上反映了群落演替过程中的稳定性，均匀度高的群落稳定性相对较差，均匀度较低的群落稳定性相对较高，并更接近演替终点。由图 8-7 可知：随着海拔高度的递减，乔木层和草本层的 Pielou 均匀度指数变化程度很小，灌木层的 Pielou 均匀度指数变化程度呈现出先上升后下降的趋势，这说明海拔高度对天目山金钱松群落乔木层和草本层的均匀度指数影响较小，对灌木层的影响较大。从整体上来看，乔、灌、草的均匀度指数均较大，这说明天目山金钱松群落稳定性相对较差。

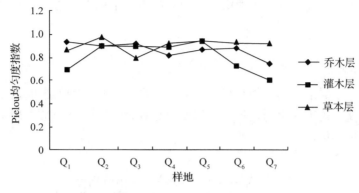

图 8-7 海拔对 Pielou 均匀度指数的影响

4. 结论

浙江天目山金钱松群落在生态特征和区系组成上属于亚热带常绿阔叶混交林。该群落共有维管束植物有 84 科 190 属 262 种，与广东南昆山厚叶木莲(*Manglietia pachyphylla*)群落和广州南岭浙江润楠(*Machilus chekiangensis*)群落相比，物种组成相对丰富，群落层次结构较为复杂。群落的灌木层、草本层植物相对较多，乔木层稀少，层间植物在群落中也较少，形成许多单种属植物的次生林。其中金钱松在乔木层中占主要位置，但幼苗、幼树稀少导致群落自我更新出现"瓶颈现象"。

在群落的径级结构和垂直结构中不同群落类型金钱松种群已处于衰退状态，无Ⅰ、Ⅱ级幼苗，Ⅲ级幼树也较少，分析其原因为：①从群落环境来看，群落中存在许多毛竹林和紫楠林，树冠连续紧密，造成物种竞争激烈，产生自疏作用和他疏作用。②从自然环境来看，由于恶劣的天气和气候，如雷电、台风、降雪以及极端低温，从而导致高海拔地区部分金钱松大树断顶。③从人为影响来看，不定期的开山修路和木材砍伐，使群落遭到一定程度的破坏。以上 3 种原因相互作用，共同导致金钱松种群的衰退。

案例 7 天目山常绿落叶阔叶混交林优势种生物量变化及群落演替特征

1. 研究方法

1.1 样地设置

早在 1996 年，选择天目山国家级自然保护区狮子尾典型常绿落叶阔叶混交林内，建立了一块常绿落叶阔叶混交林固定样地(30.320°N，119.230°E，海拔 1065 m)，面积为 1 hm² (100 m×100 m)，并对样地内胸径(*DBH*)≥10 cm 的木本植物进行每木检尺及每株定位，记录其种类、胸径、树高、冠幅、枝下高及生长状况，并用以西南原点和东南点为基点的三角坐标定点法，记录了检尺植株的位置坐标信息。在样地没有受到人为干扰的情况下，于 2012 年再次对样地进行了复查，同样以西南角为原点，以东西向为横轴(*x*)、南北向为纵轴(*y*)，使用南方测绘 NTS-300R 全站仪复原 1 hm² 样地。以标准每木检尺法对样地内胸径(*DBH*)≥1cm 的木本植物进行每木检尺及每株定位，记录种类、胸径、树高、冠长等环境因子及生长状况,并用以西南角为原点的直角坐标系定点法,记录了检尺植株的位置坐标信息。

1.2 数据分析

(1) 优势种的确定

优势种是指对于群落中其他种有很大影响,而本身受其他种的影响最小的种,也指群落中具有最大密度、盖度和生物量的种。重要值是森林群落研究中被常用来衡量某个树种优势程度大小的重要指标。

①乔木层的重要值

$$IV(\%) = \frac{相对多度+相对显著度+相对高度}{3} \times 100 \quad (8-28)$$

②灌木、草本层重要值

$$IV(\%) = \frac{相对盖度+相对多度}{3} \times 100 \quad (8-29)$$

式中,相对多度指的是某物种株数占所有种总株数的相对值;相对显著度指的是某物种的胸高断面积占所有种的胸高断面积的相对值;相对高度指的是某物种的高度占所有种总高度的相对值;相对盖度指的是某物种的盖度占所有种总盖度的相对值。

(2) 生态位宽度

生态位为正好被一个种(或亚种)所占据的环境限制性因子单元,这是生态位被第一次正式定义。2002 年,Shea 和 Chesson 重新将生态位定义为物种对每个生态位空间点的反应和效应。本文采用了近几年被广泛引用的 Levins 生态位宽度公式中的 Shannon-Wiener 信息指数计算方法。

① Levins 指数

$$B_i = \frac{1}{\sum_{j=1}^{r}(P_{ji})^2} \quad (8-30)$$

式中,B_i 为种 i 的生态位宽度;$P_{ij} = n_{ij}/N_{i+}$,它代表种 i 在第 j 个资源状态下的个体数占该种所有个体数的比例。因此,该式实际上是 Simpson 多样性指数。

②Shannon-Wiener 信息指数

$$B_i = \sum_{j=1}^{r}(P_{ij}\ln P_{ij}) \quad (8-31)$$

该指数是以 Shannon-Wiener 信息公式为基础的。以上两个指数中的 B_i 值与生态位宽度的大小关系表现为正相关,即 B_i 值越大,说明生态位越宽,当一个种的以相等的数目利用每一资源状态时,B_i 值最大化,即该种具有最宽的生态位;当种 i 的所有个体都集中在某一个资源状态下时,B_i 值最小,该种具有最窄的生态位。

(3) 生态位重叠

生态位重叠是指 2 个物种在利用食物、空间等资源时出现的重叠现象。本研究采用的生态位重叠计算公式为 Levins(1968)重叠指数:

$$O_{ik} = \frac{\sum_{j=1}^{r} P_{ij}P_{kj}}{\sum_{j=1}^{r} (P_{ji})^2} \tag{8-32}$$

式中，O_{ik}代表种i的资源利用曲线与种k的资源利用曲线的重叠指数。该指数实际上与种i的生态位宽度有关。所以O_{ik}和O_{ki}的值是不同的，含义也不同。当种i和种k在所有资源状态中的分布完全相同时，O_{ik}最大，其值为1，表明种i与种k生态位完全重叠。相反，当2个种不具有共同资源状态时，它们的生态位完全不重叠，$O_{ik}=0$。

（4）种间联结分析

种间联结是指不同物种在空间分布上的相互关联性，通常是由于群落生境的差异影响了物种分布而引起的，是对各个物种在不同生境中相互影响、相互作用所形成的有机联系的反映，它表示种间相互吸引或排斥的性质。它是植物群落重要的数量和结构特征之一，对正确认识群落结构、功能和分类有重要的指导意义，并能为植被的经营管理、自然植被恢复和生物多样性保护提供理论依据。

本研究根据系数联结AC值和共同出现百分率PC值对研究区内1996年和2012年各自的优势种进行种间联结分析。

①联结系数AC说明种对之间的联结程度。计算公式如下：

$$\left.\begin{aligned} ad > bc,\ AC &= \frac{ad-bc}{(a+b)(b+d)} \\ bc > ad\ \text{且}\ d \geq a,\ AC &= \frac{ad-bc}{(a+b)(a+c)} \\ bc > ad\ \text{且}\ d < a,\ AC &= \frac{ad-bc}{(b+d)(d+c)} \end{aligned}\right\} \tag{8-33}$$

AC的值域为$[-1,1]$。当AC值越趋近于1时，种对间的正联结性越强；当AC值越趋近于-1，物种间的负联结性越强；当AC值越趋近于0时，种对间的联结性越弱；当AC值为0，种对间完全独立。

②共同出现百分率PC测度物种间正联结程度，计算公式：

$$PC = \frac{a}{a+b+c} \tag{8-34}$$

PC值的大小在0和1之间变动，其值越接近1，表明该种对的正联结越紧密；反之，其值越接近0，则表明该种对的负联结越强。

（5）生物量变化

利用1 hm²固定样地1996年和2012年监测数据，依照生物量模型（表8-18），推算样地内植被生物量。

表8-18中的适用树种为适用于该表生物量模型的样地中记录在内的树种。

模型公式（表8-18）中，胸径（D）使用钢围尺在被测树的树干1.3 m高处标准测量获得；树高（H）使用布鲁莱斯测高器以正确使用方法测量获得；冠长（L）使用皮尺对被测树树冠的平面投影长度进行测量获得。

表 8-18 生物量模型

类别	模型公式	模型变量	适用树种
1	$W_1 = W_2 + W_3 + W_4$ $W_2 = 0.0600 H^{0.7934} D^{1.8005}$ $W_3 = 0.137708 D^{1.487266} L^{0.405207}$ $W_4 = 0.0417 H^{-0.0780} D^{2.2618}$	W_1 为总生物量(kg) W_2 为树干生物量(kg) W_3 为树冠生物量(kg) W_4 为树根生物量(kg)	马尾松 Pinus massoniana、黄山松 P. taiwanensis 等
2	$W_1 = W_2 + W_3 + W_4$ $W_2 = 0.0647 H^{0.8959} D^{1.4886}$ $W_3 = 0.0971 D^{1.7814} L^{0.0346}$ $W_4 = 0.0617 H^{-0.10374} D^{2.115252}$	H 为树高(m) D 为胸径(cm) L 为冠长(m)	杉木 Canninghamia lanceolat、柳杉 Cryptomcria fortunei 等
3	$W_1 = W_2 + W_3 + W_4$ $W_2 = 0.0560 H^{0.8099} D^{1.8140}$ $W_3 = 0.0980 D^{1.6481} L^{0.4610}$ $W_4 = 0.0549 H^{0.1068} D^{2.0953}$		青钱柳 Cyclocarya paliuras、交让木 Daphniphyllum mactopodum、微毛柃 Eurya hebeclados、缺萼枫香 Liquidambar acalycina、天目木姜子 Litsea ouriculata、红果钓樟 Lindera erythrocarpa 等
4	$W_1 = W_2 + W_3 + W_4$ $W_2 = 0.0803 H^{0.7815} D^{1.8056}$ $W_3 = 0.2860 D^{1.0968} L^{0.9456}$ $W_4 = 0.2470 H^{0.1745} D^{1.7954}$		小叶青冈 Cyclobalanopsis myrsinifolia、东南石栎 Lithocarpus harlandid、褐叶青冈 Cyclobatanopsis stewardiana、梓树 Catalpa ovata、蓝果树 Nyssa sinensis 等
5	$W_1 = W_2 + W_3 + W_4$ $W_2 = 0.0444 H^{0.7197} D^{1.7095}$ $W_3 = 0.0856 D^{1.22657} L^{0.3970}$ $W_4 = 0.0459 H^{0.1067} D^{2.0247}$		枫香 Liquidamba formosana、檫木 Sassafras tzumu 等
6	$W_1 = W_2 + W_3 + W_4$ $W_2 = 0.0398 H^{0.5778} D^{1.8540}$ $W_3 = 2.80 \times 10^{-1} D^{0.8357} L^{0.2740}$ $W_4 = 3.71 \times 10^{-1} H^{0.1357} D^{0.9817}$		毛竹 Phyllostachys edulis

2. 结果与分析

2.1 重要值

1996 年样地中胸径(DBH)≥10 cm 的树 42 种，546 株；2012 年样地中胸径(DBH)≥10 cm 的树 51 种，606 株。依据重要值计算公式，在得到的结果中筛选出 1996 年中 12 种重要值>10%的物种和 2012 年中 12 种重要值≥10%的物种分别作为两年内各自的优势种（表 8-19）。由表 8-19 可知，1996 年样地中重要值≥10%的 12 个优势种按重要值大小排列分别为：青钱柳、杉木、小叶青冈、缺萼枫香、交让木、微毛柃、天目木姜子、四照花、柳杉、东南石栎、梓树、红果钓樟；而在 2012 年重要值≥10%的 12 个优势种按重要值大小排列分别为：小叶青冈、杉木、青钱柳、交让木、东南石栎、缺萼枫香、四照花、柳杉、天目木姜子、微毛柃、蓝果树、褐叶青冈。

表 8-19　1996 年和 2012 年优势种的重要值

序号	1996 年		2012 年	
	优势树种	重要值(%)	优势树种	重要值(%)
1	青钱柳 *Cyclocarya paliurus*	53.66	小叶青冈 *Cyclobalanopsis myrsinifolia*	40.86
2	杉木 *Cunninghamia lanceolata*	41.61	杉木 *Cunninghamia lanceolata*	39.36
3	小叶青冈 *Cyclobalanopsis myrsinifolia*	21.46	青钱柳 *Cyclocarya paliurus*	35.39
4	缺萼枫香 *Liquidambar acalycina*	21.02	交让木 *Daphniphyllum macropodum*	32.34
5	交让木 *Daphniphyllum macropodum*	14.50	东南石栎 *Lithocarpus harlandii*	28.33
6	微毛柃 *Eurya hebeclados*	14.19	缺萼枫香 *Liquidambar acalycina*	21.25
7	天目木姜子 *Litsea auriculata*	12.31	四照花 *Cornus kousa* subsp. *chinensis*	18.66
8	四照花 *Cornus konsa* suhsp. *chinensis*	12.02	柳杉 *Cryptomeria fortunei*	18.17
9	柳杉 *Cryptomeria japonica* var. *sinensis*	11.77	天目木姜子 *Litsea japonica* var. *sinensis*	17.28
10	东南石栎 *Lithocarpus harlandii*	11.16	微毛柃 *Eurya hebeclados*	14.10
11	梓树 *Catalpa orata*	10.86	蓝果树 *Nyssa sinensis*	11.49
12	红果钓樟 *Lindera erythrocarpa*	10.05	褐叶青冈 *Cyclobalanopsis stewardiana*	10.61

2.2　生态位宽度

由表 8-20 可知，在 1996 年调查中发现：青钱柳的生态位宽度指数最大，B_i 值为 1.3165，其他优势种的生态位宽度指数按由大到小的顺序为杉木>交让木>小叶青冈>缺萼枫香>微毛柃>四照花>天目木姜子>红果钓樟>柳杉>梓树>东南石栎；而在 2012 年变化为小叶青冈的生态位宽度指数最大，B_i 值为 1.3177，其他优势种的生态位宽度指数按由大到小的顺序为杉木>青钱柳>交让木>东南石栎>四照花>天目木姜子>微毛柃>柳杉>缺萼枫香>蓝果树>褐叶青冈。

在 1996 年样地胸径(DBH)≥10 cm 的优势种中，青钱柳生态位宽度指数 B_i 值最大，说明了青钱柳在 1996 年时具有最大生长优势和群落地位，而到了 2012 年其生态位宽度指数 B_i 值有所下降(B_i=1.2274，差值为−0.0890)，且青钱柳是在 16a 生态位宽度指数 B_i 值是下降幅度最大的优势种。从 1996 年到 2012 年生态位宽度指数 B_i 值变小的优势种还有缺萼枫香(1996 年 B_i 值为 0.9146，2012 年 B_i 值为 0.8794，差值为−0.0353)，其优势地位从 1996 年的第 6 位变为 2012 年的第 10 位；其余 10 个优势种的生态位宽度指数 B_i 值从 1996 年到 2012 年皆增大：在 1996 年，B_i 值为 0.9170(第 5 位)的小叶青冈到了 2012 年成为了生态位宽度指数 B_i 值最大的优势种，B_i 值达到 1.3177，差值为 0.4007，成为了样地内最具优势地位的物种。而从 1996 年到 2012 年间生态位宽度指数 B_i 值增大幅度最大的(差值最大)优势种是东南石栎，其 B_i 值从 1996 年排在第 12 的 0.6762 到 2012 年上升到了排在第 5 的 1.1655，差值为 0.4893，其优势地位显著增加。同样可以发现：样地中，生态

位宽度指数 B_i 值从 1996 年到 2012 年变化很小，(差值很小)的优势种有 3 个，分别为柳杉(差值为 0.0591)、杉木(差值为 0.0425)和微毛柃(差值为 0.0593)。

表 8-20　1996 年和 2012 年优势种的生态位宽度及其差值

1996 年		2012 年		差值
优势树种	重要值(%)	优势树种	重要值(%)	
东南石栎 Lithocarpus harlandii	0.6762	东南石栎 Lithocarpus harlandii	1.1655	0.4893
交让木 Daphniphyllum macropodum	0.9788	交让木 Daphniphyllum macropodum	1.1788	0.2000
柳杉 Cryptomeria japonica var. sinensis	0.8205	柳杉 Cryptomeria japonica var. sinensis	0.8796	0.0591
青钱柳 Cyclocarya paliurus	1.3165	青钱柳 Cyclocarya paliurus	1.2274	−0.0890
缺萼枫香 Liquidambar acalycina	0.9146	缺萼枫香 Liquidambar acalycina	0.8794	−0.0353
杉木 Cunninghamia lanceolata	1.2646	杉木 Cunninghamia lanceolata	1.3071	0.0425
四照花 Cornus kousa subsp. chinensis	0.8513	四照花 Cornus kousa subsp. chinensis	1.0646	0.2133
天目木姜子 Litsea auriculata	0.8289	天目木姜子 Litsea auriculata	1.0004	0.1715
微毛柃 Eurya hebeclados	0.8691	微毛柃 Eurya hebeclados	0.9284	0.0593
小叶青冈 Cyclobalanopsis myrisinifolia	0.9170	小叶青冈 Cyclobalanopsis myrisinifolia	1.3177	0.4007
红果钓樟 Lindera erythrocarpa	0.8205	褐叶青冈 Cyclobalanopsis stewardiana	0.7696	—
梓树 Catalpa ovata	0.7846	蓝果树 Nyssa sinensis	0.7760	—

2.3　生态位重叠

由表 8-21 可知，相比于 1996 年，2012 年样地中优势种的生态位重叠值<0.1 的大大减少(30 对变为 4 对，22.73% 变为 3.03%)，而生态位重叠值>0.5 的数量显著增加(25 对变为 53 对，18.94% 变为 31.82%)，且 1996 年中存在 4 对不重叠的生态位(东南石栎和四照花、四照花和东南石栎、东南石栎对红果钓樟、红果钓樟对东南石栎)，而 2012 年不存在不重叠的生态位。这表明，2012 年的优势种相比于 1996 年，生态位重叠程度更高，对资源的共享和利用程度更高。

表 8-21　1996 年及 2012 年优势种生态位重叠分布格局

取值范围	1996 年		2012 年	
	对数	%	对数	%
<0.1	30	22.73	4	3.03
0.1~0.3	48	36.36	47	35.61
0.3~0.5	25	18.94	39	29.55
>0.5	25	18.94	42	31.82
无重叠	4	3.03	—	—
总计	132	100.00	132	100.00

2.4 优势种种间联结

(1)联结系数 AC 值分析

对 1996 年优势种的种间联结分析进行联结系数 AC 值计算结果(图 8-8)所示,对 2012 年优势种的种间联结分析进行联结系数 AC 值计算结果(图 8-9)所示。

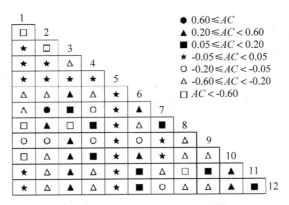

图 8-8　1996 年优势种 AC 值

注:1. 东南石栎;2. 红果钓樟;3. 交让木;4. 柳杉;5. 青钱柳;6. 缺萼枫香;
7. 杉木;8. 四照花;9. 天目木姜子;10. 微毛柃;11. 小叶青冈;12. 梓树

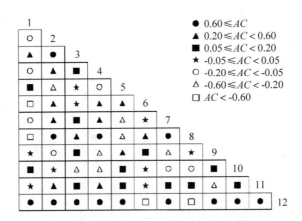

图 8-9　2012 年优势种 AC 值

注:1. 东南石栎;2. 褐叶青冈;3. 交让木;4. 蓝果树;5. 柳杉;6. 青钱柳;
7. 缺萼枫香;8. 杉木;9. 四照花;10. 天目木姜子;11. 微毛柃;12. 小叶青冈

由图 8-8、图 8-9 和表 8-22 可知:1996 年 12 种重要值≥10%的优势种共 66 对种间联结,联结系数 AC 值结果中,表现为正联结的有 19 对,占总对数的 28.79%,其中极显著正关联的有 1 对、占 1.52%,显著正关联的有 10 对、占 15.15%,不显著正相关的有 8 对、占 12.12%。表现为无关联的有 18 对,占 27.27%。表现为负联结的有 29 对,占总对数的 43.94%,其中不显著负关联的有 6 对、占 9.09%,显著负关联的有 17 对、占 25.76%,极显著负关联的有 6 对、占 9.09%;2012 年 12 种重要值≥10%的优势种共 66 对种间联结系数 AC 值结果中,表现为正联结的有 38 对,占总对数的 57.58%,其中极显著正关联的有 13 对、占 19.70%，显著正关联的有 12 对、占 18.18%，不显著正相关的有 13 对、占 19.70%。表现为无关联的有 9 对、占 13.64%。表现为负联结的有 19 对、占总对数的 28.79%，其中不显著负关联的有 7 对、占 10.61%，显著负关联的有 8 对、占 12.12%，极显著负关联的有 4 对、占 6.06%。1996 年和 2012 年的正负关联比分别为 0.66 和 2.0。

（2）共同出现百分率 PC 值分析

对 1996 年优势种的种间联结分析进行共同出现百分率 PC 值计算结果（图 8-10）所示，对 2012 年优势种的种间联结分析进行共同出现百分率 PC 值计算结果（图 8-11）所示。

表 8-22　1996 年及 2012 年优势种 AC 值对比

联结性	AC	1996 年		2012 年	
		种对数	%	种对数	%
正联结	$AC \geq 0.60$	1	1.52	13	19.7
	$0.20 \leq AC < 0.60$	10	15.15	12	18.18
	$0.50 \leq AC < 0.20$	8	12.12	13	19.7
负联结	$AC < -0.60$	6	9.09	4	6.06
	$-0.60 \leq AC < -0.20$	17	25.76	8	12.12
	$-0.20 \leq AC < -0.05$	6	9.09	7	10.61
无关联	$-0.50 \leq AC < 0.05$	18	27.27	9	13.64

AC 值：联结系数（Association Coefficient）

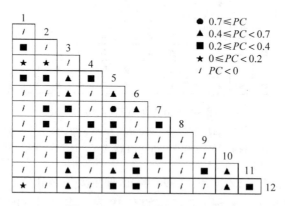

图 8-10　1996 年优势种 PC 值

注：1. 东南石栎；2. 红果钓樟；3. 交让木；4. 柳杉；5. 青钱柳；6. 缺萼枫香；7. 杉木；8. 四照花；9. 天目木姜子；10. 微毛柃；11. 小叶青冈；12. 梓树

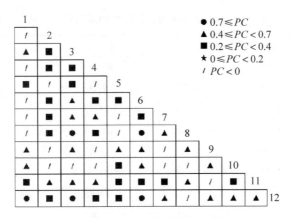

图 8-11　2012 年优势种 PC 值

注：1. 东南石栎；2. 褐叶青冈；3. 交让木；4. 蓝果树；5. 柳杉；6. 青钱柳；
7. 缺萼枫香；8. 杉木；9. 四照花；10. 天目木姜子；11. 微毛柃；12. 小叶青冈

表 8-23　1996 年及 2012 年优势种 PC 值对比

联结性	PC	1996 年		2012 年	
		种对数	%	种对数	%
正联结	$PC \geqslant 0.7$	1	1.52	5	7.58
	$0.4 \leqslant PC < 0.7$	10	15.15	21	31.82
	$0.2 \leqslant PC < 0.4$	21	31.82	21	31.82
负联结	—	—	—	—	—
无关联	$0 \leqslant PC < 0.2$	3	4.55	0	0

PC 值：共同出现百分率(Percentage Co-occurrence)

由图 8-10、图 8-11 和表 8-23 可知，1996 年 12 种重要值≥10% 的优势种共 66 对种间联结共同出现百分率 PC 值结果中，表现为正联结的有 32 对，占总对数的 48.48%，其中极显著正关联的有 1 对，显著正关联的有 10 对，占 15.15%，不显著正相关的有 21 对、占 31.82%。表现为无关联的有 3 对、占 4.55%；2012 年 12 种重要值≥10% 的优势种共 66 对种间联结共同出现百分率 PC 值结果中，表现为正联结的有 47 对，占总对数的 71.21%，其中极显著正关联的有 5 对、占 7.58%，显著正关联的有 21 对、占 31.82%，不显著正相关的有 21 对、占 31.82%。表现为无关联的有 0 对。

2.5　生物量变化

根据 1996 年和 2012 年天目山常绿落叶阔叶混交林样地中，胸径(DBH)≥10 cm 的乔木树种的生物量统计中发现其生物量分别为 151.03 t 和 148.53 t，单位生物量分别达到了 151.03 t·hm^{-2} 和 148.53 t·hm^{-2}。2012 年乔木生物总量反而比 1996 年减少了 2.50 t。鉴于此，随着 16 a 的时间跨度，样地中胸径(DBH)≥10 cm 的乔木生物总量减少的问题，进行了进一步分析。

表 8-24 样地优势种生物量统计

优势种		生物量			
1996年	2012年	1996年	2012年	差值	涨幅(%)
东南石栎	东南石栎	3.07	7.06	3.99	129.90
交让木	交让木	4.83	13.25	8.42	174.46
柳杉	柳杉	7.12	18.86	11.74	164.81
青钱柳	青钱柳	14.84	11.49	-3.35	-22.60
缺萼枫香	缺萼枫香	10.34	13.06	2.72	26.27
杉木	杉木	12.04	13.56	1.52	12.61
四照花	四照花	1.12	1.82	0.71	63.51
天目木姜子	天目木姜子	7.33	8.09	0.75	10.29
微毛柃	微毛柃	1.42	0.78	-0.64	-44.96
小叶青冈	小叶青冈	11.39	28.03	16.64	146.09
红果钓樟	褐叶青冈	0.59	4.25	—	—
梓树	蓝果树	5.05	8.37	—	—
总计		79.14	128.61	49.47	—

由表 8-24 可知，1996 年和 2012 年样地中胸径(DBH)≥10 cm 的优势种的生物量分别为 79.14 t 和 128.61 t，增大了 49.47 t。其中，作为 1996 年优势种而在 2012 年中丢失优势地位的红果钓樟和梓树的生物量分别为 0.59 t 和 5.05 t，总量为 5.64 t；在 1996 年林分中未出现的褐叶青冈和蓝果树到了 2012 年成为了主要的优势树种，重要值分别达到 10.61% 和 11.49%，其胸径(DBH)≥10 cm 的植株生物量分别达到 4.25 t 和 8.37 t，总量为 12.62 t。另外，作为 2 个年份中都是主要优势树种的东南石栎、交让木、小叶青冈和柳杉，从 1996 年到 2012 年间，重要值分别增大了 17.81%、17.72%、22.25%、0.23%，生物量分别增加了 3.99 t、8.42 t、16.64 t、11.74 t，较各自在 1996 年生物量的涨幅分别为 129.90%、174.46%、146.09% 和 164.81%，生物量的增长量和增长速率远远大于其他树种(包括 1996 年的主要优势树种)。

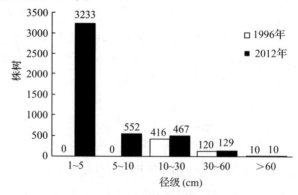

图 8-12 样地乔木径级分布

由图 8-12 可知，2012 年样地中胸径在 1~5 cm 和 5~10 cm 的乔木数量非常大，为 3785 株，占乔木总量的 86.20%。据测算，2012 年中胸径在 1~10 cm 的乔木总生物量为 25.15 t，其中 2012 年 12 个优势种 1~10 cm 的植株总生物量为 16.03 t，占 63.74%。由此可知，虽然 2012 年样地乔木现阶段生物量的值不大，但是生物量的增长潜力非常大。

表 8-25　1996 年胸径>60 cm 优势种大树生物量统计

优势树种	胸径(cm)	树高(m)	枝下高(m)	生物量(t)
黄山松 *Pinus taiwanensis**	69.40	30.00	17.50	2.49
柳杉 *Cryptomeria japonica* var. *sinensis**	68.70	30.00	17.00	1.25
柳杉 *Cryptomeria japonica* var. *sinensis**	61.40	30.00	18.00	1.13
柳杉 *Cryptomeria japonica* var. *sinensis**	60.20	35.00	22.00	1.10
柳杉 *Cryptomeria japonica* var. *sinensis**	68.10	25.00	12.50	1.14
柳杉 *Cryptomeria japonica* var. *sinensis**	64.40	35.00	22.00	1.23
柳杉 *Cryptomeria japonica* var. *sinensis**	62.80	35.00	21.00	1.18
柳杉 *Cryptomeria japonica* var. *sinensis**	63.70	32.00	19.50	1.15
缺萼枫香 *Liquidambar acalycina**	68.30	30.00	17.50	1.08
青钱柳 *Cyclocarya paliurus**	64.00	25.00	12.00	0.88
总计	—	—	—	12.64

根据表 8-25，研究中发现：1996 年样地中的 10 棵胸径(DBH)≥60 cm 的大树，在没有受到人为干扰的情况下，到了 2012 年死亡(包括断顶死亡、倒地死亡、腐烂死亡)的 8 棵大树中，绝大部分是作为 1996 年主要优势种的柳杉、缺萼枫香、青钱柳，它们总生物量的和达到了 10.33 t，占到了 1996 年中胸径(DBH)≥10 cm 乔木树总生物量的 6.84%。可见，1996 年中生物量较大的大树的死亡也是导致 2012 年样地内的生物总量减小的重要原因。

3. 讨论与结论
3.1　讨论

从上述的计算分析中可知：2012 年的优势种相比于 1996 年，生态位重叠程度更高，对资源的共享和利用程度更高；且根据种间联结的 AC 值和 PC 值分析结果得到，2012 年的优势种相比于 1996 年，负联结和无关联的比例减小，正关联比例增加，特别是极显著正关联和显著正关联的比例显著增加。从森林群落演替的角度出发，亚热带常绿落叶阔叶混交林的顶极群落为耐阴的常绿阔叶林。1996 年到 2012 年的天目山常绿落叶阔叶混交林的优势种及其变化表明了其正处于森林群落演替的中期，在这个演替阶段中，其发生着以下显著的变化：

(1) 1996 年样地中，青钱柳生态位宽度指数 B_i 值最大，同时青钱柳也是 1996 年样地中重要值最大的树种，这说明青钱柳在 1996 年时具有最明显的生长优势和最大的群落地位。并且，1996 年样地中，青钱柳的生物量也是最大的，这说明青钱柳在 1996 年时是群落中生长情况最好的树种；而到了 2012 年青钱柳生态位宽度指数 B_i 值明显有所下降，且在 12 个优势种中青钱柳的下降幅度最大，青钱柳的生物量也是 1996 年 12 个优势种当中唯一一个降低的树种，其株数也从 1996 年的 79 株下降到了 2012 年的 62 株。结合青钱柳和其他优势种的种间联结结果，充分说明了青钱柳在 1996 年到 2012 年间的林分水平呈现出衰退的趋势，这说明青钱柳在天目山常绿落叶阔叶混交林的演替过程中处于劣势甚至逐渐被淘汰。

此外，样地中从 1996 年到 2012 年，生态位宽度指数 B_i 值及生物量的涨幅非常小甚至减少，优势度下降的优势种还有柳杉、杉木、微毛柃、缺萼枫香红果钓樟和梓树（其中只有柳杉的生物量涨幅很大，原因是柳杉本身作为天目山的主要树种，生物量基数非常大），并且红果钓樟和梓树到了 2012 年失去了优势地位，说明这 6 个树种在天目山常绿落叶阔叶混交林的演替过程中不具有优势。

（2）在 1996 年，重要值和生态位宽度指数 B_i 值为均排在第 5 位的小叶青冈到了 2012 年成为了重要值和生态位宽度指数 B_i 值均显著的优势种，成为了 2012 年样地内最具优势地位的树种。并且，小叶青冈生物量从 1996 年到 2012 年也有较大的增加，但涨幅没有达到峰值的原因是小叶青冈的生物量有很大比重分布在了胸径 5~10 cm 的幼树中，且在 2012 年样地内胸径在 5~10 cm 的幼树生物量统计中小叶青冈的值很大，表明小叶青冈其生物量的增长潜力非常大。结合小叶青冈在 1996 年和 2012 年的种联结分析结果，表明了小叶青冈在 1996 年到 2012 年的生长呈现出良好增长的趋势，这说明小叶青冈在天目山常绿落叶阔叶混交林的演替过程中处于明显优势的地位。

同样值得一提的是，1996 年东南石栎的重要值和生态位宽度指数 B_i 值都排在第 12 位，但在 2012 年其重要值和生态位宽度指数 B_i 值都排在了第 5 位，东南石栎和小叶青冈的重要值和生态位宽度指数 B_i 值从 1996 年到 2012 年的增长幅度是样地优势种中最大的。并且，东南石栎的生物量在 1996 年时是 12 个优势种中最小的，到了 2012 年时其生物量有了明显上涨，涨幅超过 100%。这说明东南石栎在 1996 年到 2012 年的生长呈现出良好增长的趋势，这说明东南石栎在天目山常绿落叶阔叶混交林的演替过程中处于优势地位。

同时，样地中从 1996 年到 2012 年，生态位宽度指数 B_i 值及生物量的涨幅有明显上涨，优势度增大的优势种还有交让木、四照花和天目木姜子（其中交让木从 1996 年到 2012 年间生物量的涨幅是 12 个主要优势种中最大的，接近 200%）。此外，蓝果树和褐叶青冈到了 2012 年成为了主要优势树种，说明这 5 个树种在天目山常绿落叶阔叶混交林的演替过程中具有优势。

3.2 结论

综上所述，从 1996 年到 2012 年，天目山常绿落叶阔叶混交林样地演替过程中：小叶青冈和东南石栎具有明显的优势地位，褐叶青冈、蓝果树、交让木、四照花和天目木姜子也具有一定的优势；而梓树、红果钓樟、柳杉、杉木、微毛柃和缺萼枫香不具有优势，且青钱柳处于劣势甚至被逐渐淘汰的地位。这与天目山常绿落叶阔叶混交林演替趋势相吻合（从针阔混交林逐渐转型为阔叶林，阔叶树种将取代柳杉等针叶树种成为主要优势种）。

第9章　森林景观生态学调查

森林景观是以森林生态系统为主体，在空间上可辨识的边界清晰的实体。它既有明显的视觉特征及美学价值，又有独立的完整结构和社会学、生态学、经济学功能（张会儒，2006）。景观生态学研究的重要内容，异质性决定了景观的机构、功能、动态以及特性等方面的发展（Tumer et al.，2013）。

9.1　景观野外调查与观测

野外调查和观测是生态学和景观生态学研究中必不可少的方法，其中以景观生态学理论为指导的方法，将景观作为一个系统进行调查，是最具可行性的调查方法。调查的主要步骤如下：

（1）收集研究对象的本底资料

如研究对象所在地区的科研、教学和生产单位开展的各种专项调查获得的标准地和样地调查资料，森林资源普查、经理调查等的资料，当地的遥感影像、地形图等，以及当地土壤普查、植被调查、森林立地条件调查、水文观测资料和气候资料等专业调查形成的既有资料和分析成果。

（2）图像分类

研究到景观这一尺度的调查面积一般较大，使用随机采样方法获得的数据结果便于统计处理，但是调查工作量较大。因此，一般以研究区域专题图（植被图、土壤图或经过解译分类的航片、卫片等）为基础进行分区采样。这在统计上是一个具有较高可信度的过程，不仅降低了调查工作量，还提高了调查的有效性和精确性。根据研究对象规模的不同，必须确定适宜的空间尺度或分辨率。

（3）野外调查与采样

景观的野外调查工作主要是对野外采样点的各项属性进行描述，包括植被、土壤、地形地貌、土地利用类型、水文状况、地质条件、动物及其他相关属性信息，以获得可靠性、精确性较高的资料，也可用于遥感图像单元的地面验证，进而将它们转化成具体景观类型。野外调查数据中须包含空间数据（位置图或分布图形式），既方便野外调查记录，也能为内业分析提供尽可能多的空间关系信息。根据研究目的的不同可以详细规划具体的调查方法。

若是仅仅针对区域较大而分辨率偏低的植被分类遥感图像进行地面验证，可以选择描述为主的方法。使用GPS进行定位并对所在方位各个方向的植被类型、植被生长状况等进行记录，同时进行影像摄录用以物种鉴定、留存校对等。

若需要对调查研究区域各植被类型的过程或结构进行较详细的研究，则可以采用样地调查法。样地形状根据现场条件可以设置成圆形、矩形等，面积 $0.04 \sim 0.1 \text{ hm}^2$。然后在样地内进行具体调查以分析景观中的群落组成和空间结构等，包括样地林分种类组成，森林郁闭度，树木径级、高度等信息，灌木及草本的种类和盖度等因子的调查记录。

9.2 景观格局

"景观"一词在不同的学科中代表的含义不尽相同，在景观生态学中是指各种生态系统按照一定的数量和空间组织方式组成的异质性的地理空间单元，而其中的生态系统类型，如农田、草地、森林、村庄、道路等称为景观要素。景观格局是指景观要素的类型、分类、数量及其空间关系。在景观生态学的发展过程中形成几种景观格局模型，其中以"斑块—廊道—基质"模型应用最为广泛。

景观格局是不同景观要素数量和空间组合的结果，是各种复杂的自然和社会因子相互作用的结果。反过来，景观格局也影响和决定生态系统发展的过程。景观内斑块的数量、形状和面积、连接状况对种群的生存和繁衍、群落的组成、生态系统的稳定均有影响（陈文波等，2002）。因此，建立景观格局与生态系统过程之间关联的研究一直以来都是景观生态学的核心内容之一。景观格局的定量分析是生态系统过程、动态和功能研究的关键。1980年以来景观格局分析一直受到全球从事景观生态学研究学者们的高度重视。近年来土地利用及其功能变化、生态系统服务价值评价、生物多样性保护、生态安全评价等领域的研究也相继引入了景观格局分析的理论和方法（曹玉红，2018；岑晓腾，2016）。

9.2.1 斑块

斑块是指外貌和属性明显区别于周围环境的非线性景观要素，是构成不同景观类型的功能单元，对景观的结构、格局、异质性，以及生态系统的物质、能量、信息的流动具有深刻的影响（邬建国，2000）。

根据斑块的成因可以分为环境资源斑块、干扰斑块、残存斑块和引入斑块。环境资源斑块是由于环境资源空间分布的不均匀性导致的，该类型斑块较为稳定，存在时期较长。干扰斑块是由于自然灾害、动物践踏或取食、人为干扰等原因而形成的，常伴随着群落的演替，存在时间较短。残存斑块是大面积干扰后局部未受干扰而留存下来的斑块。引入斑块是人类有意或者无意的将动植物引入某些地区而形成的局部性斑块，如经济林的营造、高尔夫球场的修建，以及居民区建造形成的聚落斑块等。

斑块还具有面积、形状、数量等多个特征，这些特征影响着生态系统的过程和功能。斑块面积反映了环境资源、干扰和群落演替的共同作用，同时斑块面积对生态系统的生物多样性、物质和能量的分配，以及区域景观特征的形成具有重要意义。斑块形状能够揭示物种动态，确定物种分布是稳定状态、扩展状态、收缩状态或迁移状态等，还可以展现不同的美学作用，对于森林经营具有重要意义。紧密形状的斑块可以促进养分和生物蓄存；

松散形状的斑块内外环境间的物质和能量交换更为便利和频繁。例如，圆形斑块的周长面积比最小，边缘效应小，有利于林内物种的生存，但是不利于物质能量的交换；长条状或不规则斑块可以与外界进行充分的物质能量交换，但容易受到外界的干扰，不利于核心物种的生存。而规则和不规则的斑块形状可以体现不同的美学特性。每 100 hm^2 景观中包含的斑块数量称为斑块密度，可以反映景观的异质性程度和破碎化程度，体现景观的受干扰状况，可能影响一系列的生态过程。但是对于人类来说，一定程度的斑块密度更有利于生产和生活。不同斑块之间可能存在一些相互作用，如物种的迁移、扩散活动引起的物质和能量的重新分配等，作用的强度和频度往往与斑块间的空间位置存在一定相关性，因此可以用空间关系来衡量景观中各斑块相互作用的程度。

9.2.2 廊道

廊道是景观中不同于两侧基质的狭长地带，可以联系相对孤立的景观要素。廊道的作用经常具有两面性，它有利于物种的空间运动和原本孤立斑块内物种的生存和延续（Saunders 和 Hobbs，1991；Smith 和 Hellmund，1993），但也有可能成为天敌进入某些物种避难所的通道。它可能是水生生物的迁移通道，但阻碍了一些陆生动物和人类的迁移，如河流等；也可能是人类的运输通道，却阻碍了许多垂直于公路方向的生物运动，如高速公路。尽管如此，廊道仍是景观中不可或缺的要素组成，它具有资源、通道、屏障、防护和美学功能。

廊道还为植物、动物及人类提供良好的生境。廊道是连接不同生态系统的通道，能增加斑块之间的连接度，有利于提高斑块间物种的迁移，促进斑块之间的物种的空间运动，方便不同斑块中同种物种个体间的交配以促进基因交换，提供物种重新迁入的机会。廊道还可以为空间扩散能力较弱的物种提供一个栖息地网络，避免小种群因为近亲繁殖而退化，使得原本孤立的斑块内的物种得以生存和延续。廊道还具有过滤和阻抑作用，如道路、防风林道和其他生物廊道对能量、物质和生物流穿越时的阻截作用。因此，当廊道尺度不合适时，动物会避免穿越廊道以免对生存造成障碍。防护方面廊道具有抵抗风沙、净化水质、保持水土、降低污染、消除热岛效应、泄洪防洪、防止都市过度扩张等功能。此外，廊道还具有丰富城市景观、美化人居环境、展示城市文脉、弘扬生态文化等重要价值。

9.2.3 基质

景观中面积比例最大、连通程度最好、优势度最高的要素称为基质。草原、沙漠、森林、农田和城市用地等都是常见的基质。基质在提高生物多样性与生物保护中具有重要作用。此外，基质是景观规划中最基本的单元，通过对基质的修饰，可以创造任何景观空间格局（董全，陈吉泉，2004）。

事实上，要进行斑块、廊道和基质的明确区分是比较困难的，有的时候也不必要。因为在进行景观结构单元的划分时，还需要考虑研究尺度的问题，在不同的尺度中，斑块、廊道和基质是可以互相转化的，所以三者之间的区分往往是相对的。另一方面，在土地利用的过程中，斑块和基质有时会发生转变，例如，城市化过程中的城乡结合区域农田从基质转化斑块。广义地讲，基质是景观中占主要地位的斑块，而许多廊道也可看作一种狭长形斑块。所以很少有单独针对基质的研究，大多和斑块结合进行研究。

9.3 景观格局指数

景观格局指数是将景观格局数量化，使其表达更加客观和直观，以建立格局与过程之间相互联系的方法。该方法获得的数据可以在不同尺度上对景观格局进行比较和分析，而且具有统计性质，长期以来一直是景观格局研究的重要手段（Kienast，1993；Huslshoff，1995；杨丽，2017）。以下介绍生态学中的常用几种景观格局指数及其生态学意义。

(1) 斑块平均面积

$$MPS = \frac{1}{N_i}\sum_{j=1}^{N_i} a_{ij} \tag{9-1}$$

式中，a_{ij} 为斑块类型 i 中第 j 个斑块的面积（m^2）；n_i 为斑块类型 i 在景观中的数量。

MPS 代表一种平均状况，在景观结构分析中反映两方面的意义：景观中 MPS 值的分布区间对图像或地图的范围以及对景观中最小斑块粒径的选取有制约作用；另一方面 MPS 可以指征景观的破碎程度，如我们认为在景观级别上一个具有较小 MPS 值的景观比一个具有较大 MPS 值的景观更破碎，同样在斑块级别上，一个具有较小 MPS 值的斑块类型比一个具有较大 MPS 值的斑块类型更破碎。研究发现 MPS 值的变化能反馈更丰富的景观生态信息，它是反映景观异质性的关键。

(2) 最大斑块指数

最大斑块指数是用来描述某一斑块类型中的最大斑块占景观总面积的百分比，指数数值越大说明该斑块类型在整个景观中所占的比重越大；反之，则说明该斑块类型在整个景观中的占比越小。这一指标可以显示最大斑块对整个类型或景观的影响程度。

$$LPI(\%) = \frac{\max(a_{ij})}{A} \times 100 \tag{9-2}$$

式中，a_{ij} 为斑块类型 i 中第 j 个斑块的面积（m^2）；A 为整个景观的总面积（m^2）。

最大斑块指数有助于确定景观的模地或优势类型等。其值的大小决定着景观中的优势种、内部种的丰度等生态特征；其值的变化可以改变干扰的强度和频率，反映人类活动的方向和强弱。

(3) 分形维数

不规则几何图形的分形维数可以反映呈几何形状的空间实体的不规则性。由曼德布罗特（Manddelbrot）提出的小岛法便捷实用，适用于测量景观要素斑块的边界分形维数。

非欧几何不规则图形的周长 P 与其面积 A 之间的关系可以表示为：

$$P^{\frac{1}{Df}} \propto A^{\frac{1}{2}} \tag{9-3}$$

式中，Df 是不规则图形边界的分形维数。

由上式可知，图形的面积、周长与分形维数存在如下关系：

$$\ln P = C + \frac{Df}{2}\ln A \tag{9-4}$$

式中，C 为常数。

据此可以推论，对于具有相似边界特性的斑块，它的面积、周长与其边界的分形维数同样存在上述关系。此时该类斑块的边界分形维数可由同类斑块的周长和面积数据经对数处理后，用最小二乘法确定回归直线的斜率，其斜率的 2 倍就是该类斑块的边界分形维数。

$$Df_i = \left[\left(\sum_{j=1}^{N_i}\ln a_{ij}\ln p_{ij} - \frac{1}{N_i}\sum_{j=1}^{N_i}\ln a_{ij}\sum_{j=1}^{N_i}\ln p_{ij}\right) \div \left(\sum_{j=1}^{N_i}(\ln a_{ij})^2 - \frac{1}{N_i}\sum_{j=1}^{N_i}\ln a_{ij}\right)\right] \times 2 \tag{9-5}$$

式中，p_{ij} 为斑块类型 i 中第 j 个斑块的周长（m）；a_{ij} 为斑块类型 i 中第 j 个斑块的面积（m²）；n_i 为斑块类型 i 在景观中的数量；Df_i 为第 i 类景观要素斑块的边界分形维数。

当边界分形维数越接近 1，说明该类斑块的形状越接近于正方形，边界分形维数越高，说明该类景观要素斑块形状越复杂。

分形维数主要揭示斑块及斑块组成的景观的形状和面积大小之间的相互关系，它反映了在一定的景观尺度上斑块和景观格局的复杂程度。也可以直观地理解为不规则几何形状的非整数维数。由于自然界中很多物体，包括斑块和景观，均是不规则的非欧几里得几何形状，因此分形维数法也自然地应用到了景观空间格局的分析中。

(4) 斑块密度

斑块密度是斑块个数与面积的比值，即每百公顷（100 hm²）的斑块个数。

$$PD = \sum_{j=1}^{m}\frac{N_i}{A_i} \tag{9-6}$$

式中，m 为景观要素类型数目；N_i 为斑块类型 i 在景观中的数目；A_i 为各景观类型斑块的总面积（m²）。

斑块密度能够反映某个景观要素类型中的斑块分化程度或破碎化程度。斑块密度越高，表明一定面积上景观要素斑块数量越多，斑块规模越小，这一类型景观要素的破碎化程度高。

(5) 斑块边缘密度

$$ED = \frac{E}{A}(10\ 000) \tag{9-7}$$

式中，E 为景观中边缘总长度；A 为整个景观的总面积（m²）。

斑块边缘密度是景观要素斑块形状及斑块密度的函数，反映的是景观中各斑块之间物质、能量、物种及其他信息交换的潜力和相互影响的强度。通过对景观要素边缘密度进行分析，可以了解景观要素的动态特征和斑块的发展趋势。

(6) 平均形状指数

$$MSI = \sum_{j=1}^{n}\left(\frac{p_{ij}}{2\sqrt{\pi \cdot a_{ij}}}\right) \div n_i \tag{9-8}$$

式中，p_{ij} 为斑块类型 i 中第 j 个斑块的周长（m）；a_{ij} 为斑块类型 i 中第 j 个斑块的面积

(m^2); n_i 为斑块类型 i 在景观中的数量。

平均形状指数一般被用来描述斑块边界的复杂程度,其比值越大说明斑块周边越复杂。

(7) 景观多样性指数

景观多样性指数根据生态系统(或斑块)类型及其在景观中所占面积比例来进行计算。常用的 3 个景观多样性指数是丰富度、均匀度和优势度。为增强它们直接的可比性,也经常使用相对性指数,即标准化后取值为 0~1 的指数。

① 丰富度 是指在景观中不同分组(生态系统)的总数:

$$R(\%) = \frac{T}{T_{max}} \times 100 \quad (9-9)$$

式中,R 为相对丰富度指数;T 为丰富度;T_{max} 为景观最大可能丰富度。

② 均匀度 描述的是景观中不同生态系统分布的均匀程度:

$$E(\%) = \frac{H}{H_{max}} \times 100 \quad (9-10)$$

式中,E 为相对均匀度指数;H 为修正了的 Simpson 均匀度指数;H_{max} 为在给定丰富度 T 条件下景观最大可能均匀度。

$$H = -\log\left[\sum_{i=1}^{T} P(i)^2\right] \quad (9-11)$$

$$H_{max} = \log(T) \quad (9-12)$$

式中,$\log$ 为以 2 为底的对数;$P(i)$ 为生态系统类型 i 在景观中的面积比例;T 为景观中生态系统的类型总数。

③ 优势度 与均匀度呈负相关,它描述的是景观由少数几个生态系统控制的程度。优势度由 O'Neill 等(1988)首先提出并应用于景观生态学。

$$RD(\%) = 100 - \frac{D}{D_{max}} \times 100 \quad (9-13)$$

式中,RD 是相对优势度指数;D 是 Shannon 多样性指数;D_{max} 是 D 的最大可能取值。

$$D = -\sum_{i=1}^{T} P(i)\log(P(i)) \quad (9-14)$$

$$D_{max} = \log(T) \quad (9-15)$$

式中,$\log$ 为以 2 为底的对数;$P(i)$ 为生态系统类型 i 在景观中的面积比例;T 为景观中生态系统的类型总数。

(8) 分离度指数

$$F_i = \frac{D_i}{S_i} \quad (9-16)$$

$$D_i = \frac{1}{2} \quad (9-17)$$

$$S_i = \frac{A_i}{A} \quad (9-18)$$

式中，D_i 为景观类型 i 的距离指数；S_i 为景观类型 i 的面积指数；N_i 为景观类型 i 的斑块总数；A_i 为各景观类型斑块的总面积；A 为景观的总面积。

分离度指数表示的是某一景观类型中不同斑块个体分布的分离程度。

9.4 景观动态分析

9.4.1 土地利用与土地覆被变化分析

土地利用与土地覆被变化是引起其他变化的主要原因，因而对土地利用与土地覆被变化的研究属于全球环境变化研究内容中的关键问题。土地利用是指与土地直接有关的人类活动，如居住用地、建设用地和农用地等基本土地利用类型；而土地覆被则指的是地表的自然现状，包括各类树木、草地、土壤、水泥和沥青路面等土地覆被形式。土地利用与土地覆被关系密切，是研究地表自然过程必不可少的因素，也是各种地表过程的产物。

目前主要是应用遥感图像分析和监测来对土地利用与土地覆被变化机制进行研究。通过区域性案例的研究，了解过去不同时段内研究区域土地覆被的时间和空间变化过程，将其与改变土地利用方式的自然和经济主要驱动因子联系起来，建立解释土地覆被时空变化的经验模型。再结合土地利用与土地覆被的地面调查，建立区域性的驱动因子—土地利用与土地覆被变化的诊断模型。

目前已经成熟的研究方法有地理信息系统(GIS)、遥感技术(RS)和模型方法。

(1)地理信息系统作为地理学的第三代语言，因其具有强大的图像分析、空间叠加分析、空间统计分析和制图功能，被广泛应用于土地利用变化研究中。土地利用与土地覆被变化研究主要应用地理信息系统的空间分析功能来分析土地利用的动态变化。

(2)遥感技术在土地利用和土地覆被变化研究中则主要被用来解决两方面问题：一是土地利用与土地覆被变化的遥感分类。目前遥感分类方法已在大多数土地利用与土地覆被变化研究中得到广泛应用。但由于遥感图像自动分类识别方法还并不完善，它的应用必须与地面实际研究相结合才能更好地解决分类问题；二是土地利用的动态变化监测，包括对影响土地利用变化的各种自然、社会与经济条件的变化的监测和土地利用与土地覆被变化本身的监测。在这一方面，目前比较经典的方法是通过对同一地区不同时段的图件或者土地利用与土地覆被的遥感分类进行比较，以发现该地区区域土地利用和覆被的动态变化。

(3)构建土地利用动态模型是深入了解土地利用变化成因、过程，预测未来发展变化趋势及环境影响的重要途径，也是土地利用变化研究的主要方法。根据土地利用变化的含义和研究内容，模型大致包括系统诊断模型、土地利用动态变化模型和土地利用变化综合评价模型。

9.4.2 景观模型

景观生态学研究不仅要考虑空间尺度和空间异质性等结构性问题，还要考虑景观格局和过程的相互作用。然而，对景观水平上时空动态的研究往往是极为困难的，在很多情况下是不可能的。而景观模型可以帮助我们建立景观结构、功能和过程之间的相互关系，是预测景观未来变化的有效工具。用模型的方法研究生态系统已经成为现代生态学研究的特点之一。

根据模型的集合程度，景观生态模型可分为景观整体变化模型、景观分布变化模型和景观空间变化模型。变化的集合程度指景观变化过程中包含的信息量。景观整体变化模型是模拟景观整体的变量或景观整体某一方面的属性（如多样性、连接性）变化。它的焦点是把景观作为一个整体，研究某一个值的变化情况。景观分布变化模型是对景观各变量的数值变化模拟，它不提供景观中各要素的实际位置和构型，所包含的信息不全面，但它比景观空间模型简单，易于使用。景观空间变化模型不仅可以模拟景观要素的数量，还可以模拟景观要素的空间位置变化。

根据模型采用的数学方法，景观生态模型又可分为微分方程模型和差分方程模型。

根据模型处理空间异质性方式的不同，景观生态模型则可分为以下3类：①非空间景观模型，这是一种完全不考虑所研究地区空间异质性（或假定空间均质性或随机性）的模型。②准空间模型（半空间模型），这种模型通常考虑空间异质性的统计学特征。③空间显示模型，这类模型所研究对象和过程的空间，位置以及它们在空间上的相互作用关系的数学模型，其中的空间可以是虚拟的或相对的（即不对应于某一实际地理区域，许多用于理论性研究的空间生态模型属于此类），也可以是以真实地理区域为基础的，又称为空间真实模型。

（1）主要景观动态模型

常见的景观动态模型有随机景观模型、细胞自动机模型、景观过程模型和LANDIS模型等。

①随机景观模型　随机景观模型把空间信息与概率分布相联系，是基于转移概率的模型。它是生态学中的马尔可夫（Markov）模型在空间上的扩展。空间马尔可夫模型已经被广泛地应用在景观生态学研究中。传统的马尔可夫模型可表示为：

$$N_{t+\Delta t} = PN_t \tag{9-19}$$

或

$$\begin{bmatrix} n_{1,t+\Delta t} \\ \vdots \\ n_{m,t+\Delta t} \end{bmatrix} = \begin{bmatrix} p_{11} \cdots p_{1m} \\ \vdots \\ p_{m_1} \cdots p_{mn} \end{bmatrix} \begin{bmatrix} n_{1,t} \\ \vdots \\ n_{m,t} \end{bmatrix}$$

式中，N_t，$N_{t+\Delta t}$ 分别为由 m 个状态变量组成的状态向量在 t 和 $t+\Delta t$ 时刻的值；P 为由 m 乘 m 个单元组成的转化概率矩阵。

在模拟景观动态时，最简单而直观的方法就是把所研究的景观根据其异质性特点分类，并用栅格网来表示，每一个栅格像元属于 m 种景观斑块类型之一。根据2个不同时期的景观图，如植被图、土地利用图等，计算从一种类型到另一种类型的转化概率。然后，在整个栅格网上采用这些概率以预测景观格局的变化。斑块类型 j 转变为斑块类型 i 的概率就是栅格网中斑块类型 j 在 Δt 时段内转变为斑块类型 i 的像元数占斑块类型 j 在此期间发生变化的所有像元总数的比例，即：

$$p_{ij} = n_{ij} / \sum_{i=1}^{m} n_{ij} \qquad (9-20)$$

式中，p_{ij} 为从时间 t 到 $t+\Delta t$ 系统从状态 j 转变为 i 的概率。

用这种计算方法计算转化概率时不考虑空间格局本身对转化概率的影响，反映的是景观的总概率。因此，它们在预测景观中的某些斑块类型变化的面积比例时可以相当准确，但其空间格局方面的误差通常很大。因为景观格局的空间动态变化并不严格地遵循马尔可夫过程，也就是说某一景观斑块在空间某一点的状态及其变化并不是随机的，它不但受当时该点所处状态的影响，往往也受周围相邻点的影响，即景观空间格局的动态变化具有很强的空间依赖性。另外，景观斑块从一种状态向另一种状态的转化还将受到自然、经济和社会等因素的综合影响，导致景观动态的非马尔可夫过程，尤其是人为景观，如农业景观类型更是如此。解决这些问题的办法就是在模型中引入空间邻接效应的影响，在这方面，G. M. Turner 在佐治亚州的土地利用动态变化的模拟中做了很好的尝试。另外，采用从具有时间序列的遥感图像处理中得到转移概率的办法，可以帮助克服转移概率在模拟过程中保持不变的缺点。另一改进办法是把景观根据其空间特征区域化，然后再分别计算其转移概率。

空间概率模型的方法是目前景观动态研究的主要方法之一，常运用于自然景观和人为景观空间动态变化的模拟预测中，如对植被演替或植物群落的空间结构变化的研究和对土地利用变化的研究。这里需要指出的是，空间概率模型不涉及格局变化的机制，其可靠性完全取决于转化概率的准确程度。一阶马尔可夫过程忽略了历史的影响，并假设转化概率稳定，这对于大多数景观动态研究来说都是不适用的。采用高阶马尔可夫过程并考虑邻近空间影响会明显地增加转化概率矩阵的准确性以及景观概率模型的合理性。

②细胞自动机模型　细胞自动机模型是一类由许多相同单元组成的，根据简单的领域规则即能在系统水平上产生复杂结构和行为的离散型动态模型，它可以是一维的、二维的或三维的。二维模型通常采用正方形细胞组成的栅格网。每个栅格网代表了模型的粒度，也就是空间分辨率。简单地说，细胞自动机模型就是由许多这样的简单细胞组成的栅格网，其中每个细胞可以具有有限种状态，邻近的细胞按照某些既定规划相互影响，导致空间格局的变化，而这些局部变化还可以繁衍、扩大，直至产生景观水平的复杂空间结构。

典型的细胞自动机模型具有如下特征：栅格网中所有细胞可具有的状态总数是有限的，而且是已知的；每一栅格细胞的状态是由它与相邻细胞的局部作用而决定的，也可以是随机的；这些局部性转化规则在整个栅格的任何位置上都是一致的；细胞从一种状态转化为另一状态在时间上是离散的，也就是非连续性变化。

一维细胞自动机模型的数学表达式为：

$$a_i^{(t+1)} = \Phi[a_{i-r}^{(t)}, a_{i-r+1}^{(t)}, \cdots, a_i^{(t)}, \cdots, a_{i+r}^{(t)}] \qquad (9-21)$$

式中，$a_i^{(t)}$ 和 $a_i^{(t+1)}$ 是空间单元 i 在时间 t 和 $t+1$ 时的取值；括号中其他项表示相邻单元在 t 时刻的取值；而 Φ 表示与这些相邻单元有关的一组转化规则；r 表示相邻单元之间的距离；$r=1$ 时，表示只把紧靠单元 i 两边的单元作为相邻者来考虑。

最简单的二维细胞自动机是当 $r=1$ 时上式在二维空间栅格上的扩展（图 9-1），即：

$$a_{i,j}^{(t+1)} = \Phi[a_{j-1}^{(t)}, a_{i+1,j}^{(t)}, a_{i,j-1}^{(t)}, a_{i,j+1}^{(t)}] \tag{9-22}$$

式中，$a_{i,j}^{(t+1)}$ 是栅格细胞在 $t+1$ 时刻的值；Φ 表示与相邻细胞有关的转化规则。对相邻细胞的距离(r)及相邻方式的确定依赖于具体研究对象的特征。

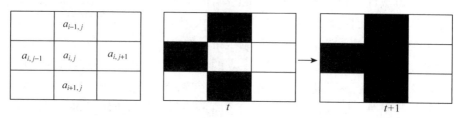

图 9-1　细胞自动机模型示意（邬建国，2000）

细胞自动机模型的最大优点就在于可以把局部小尺度上观测的数据结合到邻域转化规则中。然后通过计算机模拟来研究大尺度上系统的动态特征。

③景观过程模型　过程模型则是从机制出发来模拟生态学过程的空间动态，所以景观过程模型又称为景观机制模型。根据一定的原则，把景观划分成为具有一定几何形状的空间区域（如生境），通过计算这些空间区域之间产生的各种生态过程和相应的流（物质流、能量流和信息流）的变化，来模拟其空间结构特征和动态变化。虽然空间概率模型和细胞自动机模型可以通过扩展使其在一定程度上反映某些生态学机制，但是，它们大都是用来模拟景观空间格局动态的，两者相结合再加上对邻域规则限制条件的放松，可以提高这些方法在表现生态学过程或机制方面的能力。许多景观机制模型是通过将非空间生态学过程模型空间化后发展起来的。

a. 空间生态系统模型：此模型一般数学公式为：

$$\frac{\partial S_i}{\partial t} = f_i(S, F) + v(D_i v S_i) \tag{9-23}$$

式中，S_i 为某一生态学变量，如养分含量、种群密度、干扰面积等；F 为环境因素的影响，如温度、水分、光照等；D_i 为所研究过程的空间扩散或传播能力的系数；v 表示空间梯度。

例如，具有某一地形梯度的景观，由 4×4 个栅格细胞组成。要描述土壤中氮含量在空间和时间上的变化，那么，模型的状态变量是每个栅格细胞中的含氮量（N_{11}，N_{12}，…，N_{44}）。它们随时间的变化可以表示为：

$$N_{ij}(t+1) = N_{ij}(t) + (F_{ij}^{in} - F_{ij}^{out})\Delta t \tag{9-24}$$

式中，$N_{ij}(t+1)$，$N_{ij}(t)$ 分别为细胞 ij 在 $t+1$ 和 t 时刻的含氮量；F_{ij}^{in}，F_{ij}^{out} 分别为细胞 ij 的氮转入率和输出率；Δt 为模型的时间步长。

这个例子可以扩大到更大的空间尺度，并考虑一系列物理和生态学过程。一种常见的方法是把景观按空间异质性分为许多空间单元（或栅格像元），然后把结构上相同或相似的生态系统单元模型"移植"到这些空间栅格像元中。由于空间单元在土壤、地形及生物等方面的特征反映了景观的空间异质性，再加上考虑单元间的能量和物质交换过程，这类空间生态系统模型在模拟不同尺度上景观功能方面更准确,且很适宜与地理信息系统和遥感技术相结合。

b. 空间直观斑块动态模型:或译为空间明晰斑块动态模型,简称空间斑块模型。它与空间生态系统模型的区别在于:空间斑块模型突出空间格局和生态学过程之间频繁的相互作用;把整个景观看作由大小、形状及内容不同的斑块组成的动态镶嵌体;明确地把斑块的形成、变化和消失过程作为模型的重要组成部分;把斑块镶嵌体空间格局动态与生态学过程在斑块以及景观水平上直接耦合在一起。空间斑块模型最适于格局和过程作用频繁、斑块周转率快的生态系统。

森林林隙动态模型是常见的一类斑块模型。林隙动态模型目前已有几百个之多,传统的林隙动态模型属于准空间模型,它只是在斑块尺度上是空间显示的。Smith 和 Urban 把传统的林隙模型在空间栅格网上展开,发展了空间显式林隙动态模型——ZELIG 模型。空间显式林隙动态模型把局部性干扰与树木种群动态耦合在一起,有效考虑了格局与过程的相互作用及随机事件,但因其采用栅格方法,把林隙作为规则划分的单个栅格细胞或多个细胞的聚合体,不适于模拟斑块间叠合现象非常普遍而复杂的情形。

④LANDIS 模型　LANDIS 模型是一种空间直观景观模型(spatially explicit simulation),主要用于模拟大时空尺度上森林景观的变化。它采用的数据结构为栅格数据,并且用面向对象的 C++ 进行程序设计,具有良好的地理信息系统接口。LANDIS 模型直接用遥感影像数据来分析大尺度、异质性景观的变化,以 10 a 为时间间隔,模拟树种年龄级(并非个体)的存在与否,模拟优势群落的扰动和物种水平的演替,支持多尺度和多精度的数据。LANDIS 模型包括 5 个模块:森林演替、种子的传播、风干扰、火干扰和森林的采伐。

LANDIS 模型是基于栅格的或光栅数据形式。这种形式是空间分析与建模中广泛应用的数据结构形式。LANDIS 模型的主要目的是模拟大景观。在使用该模型中,用户可以根据需要改变栅格的大小。模式具有模块化和面向对象的特点(图 9-2)。

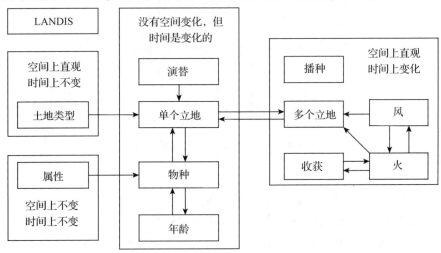

图 9-2　LANDIS 模型模块化的设计(贺仕红,1999)

LANDIS 模型的基本组成成分是演替和播种，对象是立地、物种、年龄、土地类型、火和风，演替动态是空间上不变，时间上直观的成分。但它与空间成分有关。对每一立地来说，演替与物种、物种属性及物种年龄有关(图 9-3)。演替是一个综合的过程，受物种生活史的有关参数的影响。而播种是该模型时空上都直观的成分，与多个立地有关，也与物种、属性、年龄和土地类型等对象有关。立地是对基本景观单元的概念化表述。演替、播种、风和火的干扰以及收获都和立地有关，物种是空间上不变，时间上直观的对象。对物种的操作包括"询问"(物种名和属性)、"产生""死亡""成长""迁移"和"消失"。

年龄也是该模型中空间上不变时间上直观的对象。在模型的程序中，年龄是物种的基础。"设第 1 为真"模拟的是"物种的产生"，"设最后为 0"模拟的是死亡，"向右移动"模拟的是"成长"。"设 0"模拟的是某些物种群的迁移。"消失"模拟的是整个物种年龄群的迁移。土地类型是一个静态的空间对象，其中包括如下几个参数：物种建立(species establishment) 系数；干扰特征，如火灾恢复间隔；燃料积累和分解特征。火是空间上直观并且随机的一种对象。它模拟的是干扰的规模、概率和传播等(图 9-3)。另外，风也是一种对象。

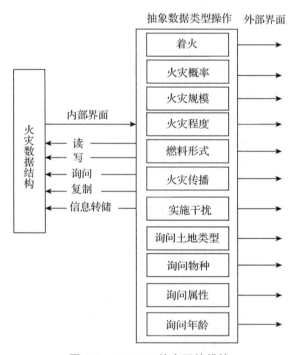

图 9-3 LANDIS 的火干扰模块

(2) 实验内容与讨论

近年来计算机技术的发展以及遥感技术和地理信息系统等技术手段的应用大大促进了景观动态的空间模拟研究，但它们都很少能包括变化过程的模拟。需要发展能将空间属性同过程变化相结合的模拟模型，目前至少可以应用几何、统计和数学模型等基本方法将它们融合到一个模型中，几何方法用于描述过程，统计用于分析，数学用于模拟。

景观变化的模拟不仅仅要了解一种景观现状变化到另一种景观现状,更重要的是要清楚景观发生变化的原因和过程,当前限制景观动态变化模型研究的一个重要因素就是缺乏景观过程和原因的知识以及如何在模型中糅合进这些知识。景观变化是自然、经济和文化综合作用的结果,景观变化的原因也是多方面的,现代社会中人类活动对景观的影响越来越重要;因此需要从景观变化的驱动因子出发,确定不同因子在景观变化中所起的作用,建立综合的景观变化机制模型,从而提供最佳景观利用方式和管理模式。

景观变化的动态模拟已经从空间走向过程,从现象走向驱动力,从单一尺度走向多尺度。目前,尺度的转换及从宏观变化到个体反应机制的模拟已经成为景观动态模拟发展的趋势。

实验 9　森林生态系统净初级生产力分析

【实习目的】

(1)熟悉 GIS 软件在生态学中的应用。

(2)掌握 GIS 数据处理软件和生态模型分析技术。

【仪器与工具】

ArcGIS 软件、电脑等。

【步骤与方法】

(1)数据获取及预处理

①NDVI 数据　NDVI 数据来自美国国家航空航天局(NASA)数据分发中心,分析森林生态系统净初级生产力可选择购买 2001—2010 年逐月的 MODIS 产品 MOD13A1(时间分辨率为 16 d,空间分辨率为 500 m×500 m 的 3 级正弦投影产品)数据集。利用 MODIS 网站提供的专业处理软件 MRT TOOLS 对该所选用数据进行投影转换、拼接处理,得到后缀名为".tif"的文件。将 16 d 的 MODIS-NDVI 数据,采用最大值合成法(maximum value composite, MVC)得到月 NDVI 数据。利用当地行政区划图裁剪出地区历年逐月 NDVI 栅格图像。

②气象数据　气象数据可由中国气象数据网处获取,包括全国 722 个标准气象站点 2001—2010 年的逐月气温和降水数据,以及 120 个气象站点的太阳辐射数据。根据各气象站点的经纬度信息,将气温、降水和太阳总辐射数据在 ArcGIS 的 Geostatistical Analyst 模块下,对气象数据进行 Kriging 空间插值,得到像元大小与 NDVI 数据一致、投影相同的多年逐月气象因子栅格数据集。通过数据掩膜,裁剪出分析地区月平均气温、月降水量和月总太阳辐射的栅格图像。

③土地覆盖数据　土地覆盖数据可选择欧盟联合研究中心空间应用研究所的 2000 年全球土地覆盖数据产品(GLC2000,共有 22 类土地覆盖类型)或者我国最新的 GlobeLand 30 数据产品。

(2)净初级生产力(NPP)估算模型

CASA 模型利用植被遥感原理,通过归一化植被指数 NDVI 获取植被对光合有效辐射的吸收系数(fractional photosynthetically active radiation,FPAR),再利用太阳总辐射和

FPAR 计算植被吸收的光合有效辐射(absorbed photosynthetic active radiation, APAR), 进行 NPP 估算。

CASA 模型所估算的植被净初级生产力可以由植被吸收的光合有效辐射(APAR)和光能利用率(ε)两个变量来确定, 其估算公式如下:

$$NPP(x, t) = APAR(x, t) \times \varepsilon(x, t) \qquad (9-25)$$

式中, $APAR(x, t)$ 为像元 x 在 t 月吸收的光合有效辐射; $\varepsilon(x, t)$ 为像元 x 在 t 月的实际光能利用率。植被吸收的光合有效辐射(APAR)取决于太阳总辐射和植被对光合有效辐射的吸收比例, 用下式计算:

$$APAR(x, t) = SOL(x, t) \times FPAR(x, t) \times 0.5 \qquad (9-26)$$

式中, $SOL(x, t)$ 为 t 月在像元 x 处的太阳总辐射量($MJ \cdot m^{-2}$); 常数 0.5 为植被所能利用的太阳有效辐射(400~700nm)占太阳总辐射的比例; $FPAR(x, t)$ 为像元 x 在 t 月对入射的光合有效辐射的吸收比例。在一定范围内 FPAR 与 NDVI、SR(simple ratio)存在较好的线性关系, 因而可以通过 MOD13A1 产品提取归一化植被指数(NDVI)对 FPAR 进行估算。

光能利用率是指植被把所吸收的光合有效辐射(APAR)转化为有机碳的效率, 它主要受温度和水分的影响, 用下式计算:

$$\varepsilon(x, t) = T_{\varepsilon 1}(x, t) \times T_{\varepsilon 2}(x, t) \times W_{\varepsilon}(x, t) \times \varepsilon_{max} \qquad (9-27)$$

式中, $T_{\varepsilon 1}(x, t)$, $T_{\varepsilon 2}(x, t)$ 为温度对光能利用率的影响; $W_{\varepsilon}(x, t)$ 为水分条件对光能转化率的影响; ε_{max} 为在理想状态下植被的最大光能利用率。

根据以上数据和模型, 利用 GIS 可以得到 10a 该地区森林生态系统植被净初级生产力的空间分布。

【结果与分析】

(1)针对模拟结果进行分析。

(2)探讨 GIS 在生态学研究中的作用。

案例 8　天目山国家级自然保护区森林景观格局分析

1. 方法步骤

(1)数据收集与处理

研究以 2004 年天目山国家级自然保护区的森林资源二类调查数据、2003 年遥感影像 SPOT、森林资源分布图为主要数据来源, 结合 1∶10 000 的地形图并以各种统计图作为辅助数据源。在 ENVI 4.0 软件的支持下对遥感影像预处理后, 在 Arc/Info 的矢量模块下, 解译并绘制出天目山国家级自然保护区景观斑块分布图(图 9-4)。利用 GIS 强大的空间统计分析功能, 获取空间数据, 建立小班属性数据, 包括斑块数量、周长、面积等。利用软件 Excel 与 VB 语言相结合的方法对空间属性数据进行处理与计算。

(2)景观斑块与景观类型划分

首先, 以小班为单位, 根据景观生态分布原则及实地森林景观外貌特征, 结合保护区内各小班树种组成划分森林景观斑块类型，将保护区100个有林地小班划为5种森林景观斑块类型：即阔叶林、针叶林、针阔混交林、经济林和竹林。其次，在自然保护区森林景观中，根据森林景观斑块的起源和地类，将森林景观分为2种类型：自然景观和半自然景观。其中自然景观包括阔叶林和针阔混交林，半自然景观包括竹林、针叶林、经济林。

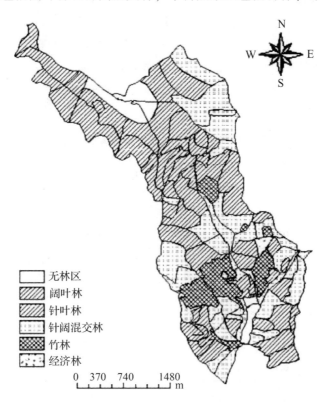

图9-4 天目山国家级自然保护区森林景观格局分布

(3) 景观指数分析

根据研究区特点及实际情况，选取最能反映各景观类型格局特征的斑块密度、分离度、分形维数、多样性及优势度等指标分析。

2. 结果与分析

(1) 森林景观格局总体特征

天目山国家级自然保护区森林景观格局总体特征见表9-1。由表9-1可知，研究区中森林景观总面积9.086 km^2，其森林覆盖率达94.7%。在森林景观斑块类型中，斑块面积与斑块数分布不均匀，斑块面积最大的是阔叶林，最小的是经济林；斑块数最多的是针叶，最少的是经济林。除经济林外，斑块面积变动均大于周长变动，且针叶林的面积变动达497%，周长变动为221%，明显高于其他森林景观斑块类型，原因是斑块面积与周长之间是平方关系，较小的周长变动引起较大的面积变动。此外，也说明建立自然保护区之前，人工培育针叶林规模的随意性，导致针叶林斑块大小和形状有较大差异。

（2）森林景观的斑块数特征

各森林景观斑块类型的斑块特征见表 9-2。研究区中，阔叶林、针叶林和针阔混交林 3 者的斑块数占总斑块数的 92%，可见自然保护区是以乔木林斑块为主的景观分布格局。

斑块密度反映景观的破碎化程度，斑块密度越大，景观连通性越差。从表 9-2 可以看出，斑块密度最大的是经济林，为 20 个·km^{-2}，因为经济林为人工栽培茶园，受人类活动影响较大。其次是针叶林，为 16 个·km^{-2}，多为人工起源的森林。针阔混交林和竹林的斑块密度接近。斑块密度最小的是阔叶林，为 7 个·km^{-2}，说明其破碎化程度较低，这主要由于阔叶林多分布在交通不便的地段，是重点保护植被类型，受人类干扰活动较小，保存较完整。

表 9-1　天目山国家级自然保护区森林景观格局总体特征

斑块	斑块数（个）	总面积（km²）	平均面积（km²）	最大面积（km²）	最小面积（km²）	面积变动（%）	总周长（km）	平均周长（km）	最大周长（km）	最小周长（km）	周长变动（%）
阔叶林	26	3.497	0.1345	0.2796	0.0367	181	48.133	1.8512	3.0088	0.8808	115
针叶林	34	2.170	0.0638	0.335	0.0177	497	40.319	1.1858	3.2107	0.5876	221
针阔混交林	32	2.738	0.0856	0.2201	0.0102	245	45.944	1.4358	2.3973	0.3872	140
竹林	7	0.630	0.09	0.1976	0.009	210	11.371	1.624	2.4866	0.3655	131
经济林	1	0.051	0.0506	0.0506	0.0506	0	1.046	1.0455	1.0455	1.0455	0
整个景观	100	9.09	0.0909	0.335	0.009	359	146.811	1.4681	3.2107	0.3655	194

表 9-2　森林景观斑块类型的斑块数特征

斑块类型	斑块数（个）	斑块数比例（%）	斑块密度（个·km^{-1}）	分离度指数（个·km^{-1}）
阔叶林	26	26	7	2
针叶林	34	34	16	4
针阔混交林	32	32	12	3
竹林	7	7	11	6
经济林	1	1	20	30

景观分离度反映某景观类型中不同斑块个体分布的分离程度，分离度的值越大，表明景观在地域上越分散，景观分布越复杂。由表 9-2 可知，经济林的分离度最大，为 30 个·km^{-1}，这是人工经营所致。阔叶林分离度最小，为 2 个·km^{-1}，说明阔叶林相对集中连片分布，有利于生境和物种多样性保护。

综上分析，斑块密度和分离度指数存在一定的正相关关系（图 9-5）。事实上，斑块密度是斑块数的面密度,而分离度指数是斑块数的线密度,均反映斑块的数量与分散状况,互为补充。从图 9-5 可见,斑块密度对破碎化程度的分辨能力较高,故斑块密度的应用更广泛。

(3)森林景观斑块的形状特征

斑块形状是描述景观的一个重要的因子。斑块形状对保护生物环境、生物多样性以及森林经营具有重要作用,同样对生物的扩散和觅食也有很大意义。描述景观斑块形状特征的景观指数综合了斑块的面积特征和周长特征,反映景观斑块的整体形状。本文采用形状指数、分形维数和伸长指数来描述景观斑块的形状特征(图 9-6)。

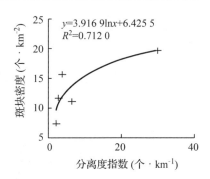

图 9-5 斑块密度和分离度指数的关系

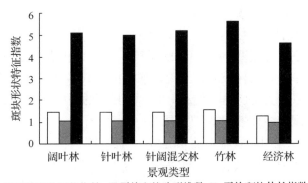

图 9-6 森林景观斑块类型的形状特征

从图 9-6 可见,各森林景观斑块类型的平均形状指数均>1,说明不接近圆形。平均形状指数最高的是竹林,竹林斑块形状复杂程度与竹林蔓延特性有关;较小者是经济林,说明低矮的人工茶叶林,形状较规则。阔叶林、针叶林和针阔混交林的形状复杂程度介于前两者之间。

分形维数和伸长指数均为相对于正方形的形状指数。分形维数理论取值范围为 1.0~2.0,分形维数越接近于 1,表明斑块的自我相似性越强,形状越有规律,斑块受人为干扰的程度也越大;分形维数越接近于 2,则表明斑块具有越为复杂的形状。在图 9-7 中总体上看,各森林景观斑块类型的分形维数差别不大,但竹林的斑块分形维数和伸长指数均较大,同样也说明了竹林受自由蔓延的影响,使景观斑块形状较为复杂。

平均斑块形状指数与分形维数和伸长指数的关系如图 9-7 所示。

根据不同森林景观斑块类型的 3 个形状特征指数,可以看出具有高度一致性。以森林景观斑块类型的平均斑块形状指数为纵坐标,以平均斑块分形维数和平均斑块伸长指数为横坐标,分别作出相关关系图[图 9-7(a)、(b)]。可见,3 个指数之间存在极强的线性关系。尤其是平均斑块形状指数与斑块伸长指数的线性关系最显著[图 9-7(b)]。因此,分形维数、伸长指数和形状指数均可用于分析景观斑块形状特征,但伸长指数和形状指数对

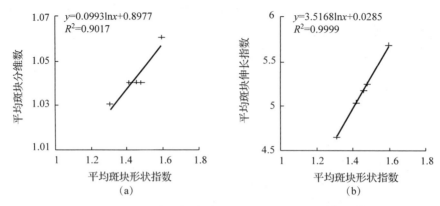

图 9-7 平均斑块形状指数与分形维数和伸长指数的关系

景观斑块形状特征有更精确一致的描述。

（4）森林景观类型的异质性特征

①多样性指数　多样性指数的大小反映景观要素的多少和各景观要素所占比例的变化。当景观要素是由单一要素构成时，景观是均质的，其多样性指数为0；由2个以上要素构成的景观，当各景观类型所占比例相等时，其景观的多样性为最高；各景观类型所占比例差异增大，则景观的多样性降低。从图9-8中可以看出，景观多样性指数最低的是半自然景观，为0.6128，说明尽管半自然景观包含3种景观斑块类型，但其分布不均匀，所以多样性指数低。其次为自然景观，多样性指数为0.6857，比半自然景观略高，因为尽管自然景观仅包括2种景观斑块类型，但分布较均匀。整个景观的多样性指数最高，为1.2849，说明整个森林景观类型多样，且分布相对均匀。

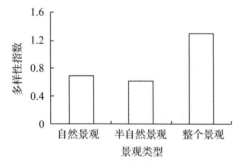

图 9-8　景观多样性指数特征

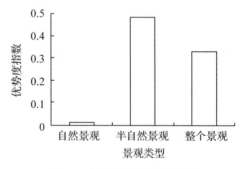

图 9-9　景观优势度指数特征

②优势度指数　表示景观多样性相对最大多样性的偏离程度，可以描述景观由少数几个主要景观要素类型的控制程度。优势度指数越大，表明偏离程度越大，即组成景观的各景观要素类型所占比例差异大；优势度小，表明偏离程度小，即组成景观的各景观要素类型所占比例大致相当。从图9-9中可以看出，半自然景观优势度最大，为0.4858，这是因为在半自然景观中，针叶林占绝对优势；自然景观优势度最小，仅为0.0074，因为阔叶林与针阔混交林相比优势性不明显；整个景观的优势度接近半自然景观，但远大于自然景观，说明3种乔木林与竹林和经济林相比，乔木林占优势。在未来的森林景观发展中，通

过森林自然演替和景观长期保护，半自然景观类型将逐渐转变为自然景观类型，特别是物种多样性高的阔叶林优势性将进一步提高。

3. 结论与讨论

（1）在森林景观斑块类型中，斑块面积最大的是阔叶林，最小的是经济林。斑块数最多的是针叶林，最少的是经济林。除经济林外，斑块面积变动均大于周长变动，且针叶林的面积和周长变动高于其他森林景观斑块类型。

（2）斑块密度最大的是经济林，其次是针叶林，最小的是阔叶林。经济林的分离度最大，阔叶林分离度最小。就天目山森林景观格局而言，斑块密度和分离度指数存在一定的正相关关系，而对于其他森林景观格局应加以论证。

（3）竹林斑块具有最复杂的形状特征，经济林具有最规则的形状特征，阔叶林、针叶林和针阔混交林的形状复杂程度介于两者之间。平均斑块形状指数与斑块分形维数和斑块伸长指数存在线性相关关系，同样适用于其他的森林景观格局，具有普遍性。

（4）景观多样性指数排序为整个景观>自然景观>半自然景观，优势度指数排序是半自然景观>整个景观>自然景观。

天目山国家级自然保护区不仅是联合国教科文组织国际生物圈保护区网络的组成部分，也是理想的生态旅游胜地。长期以来，天目山国家级自然保护区十分重视自然资源的保护与管理，森林景观保护较为完好。根据本研究，从森林景观可持续经营管理的角度出发，应提高阔叶林比重，减少人工林面积，降低景观破碎度，使半自然景观类型逐渐转变为自然景观类型。

案例9　天目山林区土地利用和景观格局时空变化及驱动因素分析

1. 数据来源

本研究涉及的数据包括航空和遥感影像数据、森林资源二类调查数据、行政边界及主干道路分布数据，以及实地调查数据。其中2000年数据为浙江省测绘局2月4日的SPOT5.0航空影像，分辨率为2.5 m×2.5 m；2010年遥感数据来源于12月31日的QuickBird，分辨率为0.6 m×0.6 m；2017年遥感数据来源于11月24日的WorldView，分辨率为0.5 m×0.5 m。森林资源二类调查数据来源于临安区农林局。行政界线及道路分布图来源于临安区自然资源局。2018年5~6月通过研究区居民走访和实地考察，对航空和遥感影像数据解译结果进行实地验证，并获取其他研究相关资料。

2. 数据处理

（1）景观分类

根据天目山的实际状况以及研究目的，并参照《土地利用现状分类》(GB/T 21010—2017)，将研究区的景观划分10种类型。具体分类情况见表9-3。

表 9-3 景观类型划分

类型	描述与说明
天然林	经济林以外的各类非人工经营乔木，包括阔叶林和针叶林，以生态效益为主
竹林	毛竹、雷竹、早竹等
山核桃林	以山核桃为主的经济林
香榧林	以香榧为主的经济林
茶园	以茶树为主的经济林
建筑	居民房屋、生活基础设施、保护区和景区相关用地等
道路	宽度在 3 m 以上可以行车的道路
耕地	农业用地
水域	河流、湖泊、水库、坑塘、沟渠等
裸地	没有植被或者建筑覆盖的土地

(2) 遥感影像解译

使用 ArcGIS10.1 软件将遥感影像、森林资源二类调查数据及行政边界统一投影到 CGCS2000 坐标系，再根据遥感影像进行人工目视解译，最后根据实地调查数据对解译结果进行修正。遥感影像解译结果如图 9-10 所示。

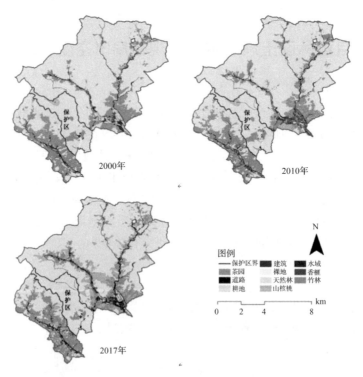

图 9-10　2000—2017 年研究区土地利用时空变化

(3) 土地利用变化分析

①单项土地利用动态度　土地类型变化的速度可用土地利用动态度表征，常用的指标有单项土地利用动态度（$LUDD$）和综合土地利用动态度（$TLUDD$）。单项土地利用动态度的计算公式为：

$$LUDD(\%) = \frac{|U_b - U_a|}{U_a} \times \frac{1}{T} \times 100 \qquad (9-28)$$

式中，U_a、U_b 分别为研究阶段期初和期末某土地类型的面积；T 为研究期时长，当 T 取值为年时，$LUDD$ 值为研究区内某土地类型的年变化率。

综合动态度的计算公式为：

$$TLUDD(\%) = \left[\frac{\sum_{i=1}^{n} \Delta LU_{i-j}}{2 \sum_{i=1}^{n} LU_i}\right] \times \frac{1}{T} \times 100 \qquad (9-29)$$

式中，LU_i 为研究区内第 i 类土地类型的初始面积；ΔLU_{i-j} 为 T 年中第 j 类土地类型转为非 i 类土地类型面积的绝对值；T 为研究期时长；n 为土地类型数量。

②土地利用转移矩阵　在 ArcGIS10.1 软件中将相邻时段的遥感解译结果进行空间叠加和统计分析，即可得到 2000—2010 年和 2010—2017 年这 2 个时段研究区土地利用转移状况。

(4) 景观格局变化分析

本文选取了景观边缘密度（ED）、景观形状指数（LSI）、蔓延度（$CONTAG$）、香农多样性指数（$SHDI$）和香农均匀性指数（$SHEI$）作为景观水平的分析指标；选取了斑块密度（PD）、最大斑块指数（LPI）、平均边缘面积比（$PARA-MN$）和斑块结合度（$COHESION$）作为类型斑块水平的分析指标，并使用 Fragstats 4.0 软件进行计算。各指标计算公式和生态学意义较为常见，不再赘述。

(5) 景观格局变化驱动力分析

在景观的形成过程中，人类活动具有很大的影响。本研究主要从政策、市场和道路 3 个方面对研究区的土地利用和景观格局的变化进行分析。

3. 结果与分析

(1) 土地利用总体动态变化特征

①时间动态变化特征　根据图 9-10 和表 9-4 可知，森林是保护区的主体景观，占比均超过保护区总面积的 97.00%。其中天然林一直占绝对优势，竹林次之，山核桃林是面积最小的森林植被类型。建筑、道路、耕地和水域等面积占比均非常低。主要的土地利用类型面积占比整体变化趋势分别为：天然林、建筑和道路增加，竹林、山核桃林减少。2000—2010 年，保护区天然林面积减少了 10.95 hm²，道路面积增加了 5.12 hm²，建筑面积增长了 3.44 hm²。2010—2017 年，天然林面积增加了 83.36 hm²，竹林和山核桃林面积分别减少了 34.87 hm² 和 50.35 hm²，建筑、道路、耕地和水域等面积变化较小。

社区森林景观面积占比超过社区总面积的 95.00%。天然林虽然仍占据优势地位，但是面积占比相比保护区要低 12%~20%；竹林次之，面积占比约为 20%；山核桃林第三，但是面积逐年增加。此外，社区还有香榧林和茶园等经济林，以及建筑、耕地道路、水域和裸地等类型，面积占比均较低。主要土地利用类型面积占比整体变化趋势为：天然林和耕地降低，经济林、建筑和道路增加。2000—2010 年，天然林面积减少了 242.98 hm^2，竹林、山核桃林面积分别增加了 47.37 hm^2 和 275.67 hm^2，建筑和道路面积分别增加了 24.86 hm^2 和 36.50 hm^2。2010—2017 年，天然林面积减少了 127.89 hm^2，竹林和茶园面积分别减少了 125.74 hm^2 和 38.05 hm^2，山核桃和香榧面积分别增加了 189.88 hm^2 和 16.63 hm^2，建筑和道路面积分别增加了 50.55 hm^2 和 9.03 hm^2。

②空间动态变化特征　从分布特征来看，保护区内天然林占据了保护区的绝大部分区域，竹林主要集中在海拔 350~900 m 的游步道附近，建筑等主要分布在低海拔的保护区景区服务中心一带。从图 9-10 可以看出，保护区近 20a 土地利用变化较小。

在社区中，竹林等其他景观以各种形状和组合方式镶嵌在天然林这一主体景观中。竹林大部分集中分布于研究区的南部，呈块状分布，结合度非常高；一部分沿着道路侵入到天然林深处呈线状分布。山核桃林也主要沿着道路两侧分布。建筑和耕地主要沿着道路呈线状分布。2000—2010 年山核桃侵占了一部分的竹林面积，并沿着道路深入到天然林，同时深入到天然林的竹林面积明显增大，呈现居民区附近的竹林转化成了山核桃林，森林深处的天然林转化成竹林的趋势。2010—2017 年期间，山核桃林结合成了大斑块，侵占了天然林和竹林的面积。

表 9-4　保护区土地利用构成和动态度变化

景观类型	面积比例(%)			2000—2010 年		2010—2017 年	
	2000 年	2010 年	2017 年	LUDD(%)	TLUDD(%)	LUDD(%)	TLUDD(%)
天然林	85.42	84.31	92.77	0.13		1.43	
竹林	8.83	9.02	5.48	0.21		5.61	
山核桃林	5.09	5.11	0.00	0.04		14.29	
建筑	0.50	0.85	0.78	6.95	0.11	1.18	1.25
道路	0.03	0.55	0.52	200.32		0.60	
耕地	0.11	0.14	0.42	3.09		28.79	
水域	0.03	0.02	0.03	1.07		1.97	

表 9-5 社区土地利用构成和动态度变化

景观类型	面积比例(%)			2000—2010 年		2010—2017 年	
	2000 年	2010 年	2017 年	LUDD(%)	TLUDD(%)	LUDD(%)	TLUDD(%)
天然林	73.00	69.88	68.24	0.43	0.35	0.34	0.47
竹林	20.39	21.00	19.39	0.30		1.10	
山核桃林	1.60	5.14	7.57	22.05		6.77	
香榧林	0.04	0.10	0.31	17.04		31.72	
茶园	0.54	0.57	0.08	0.52		12.31	
建筑	0.87	1.08	1.73	2.49		8.54	
道路	0.44	0.60	0.71	3.65		2.76	
耕地	2.16	0.70	1.05	6.76		7.06	
水域	0.82	0.83	0.82	0.14		0.26	
裸地	0.14	0.12	0.10	1.82		1.76	

（2）土地利用转移矩阵

由表 9-6 可知，保护区 2000—2010 年的类型变化特征为：天然林向竹林、建筑和道路转化，转化面积分别为 1.84 hm²、3.55 hm² 和 4.89 hm²；竹林向道路转化，转化面积分别为 0.23 hm²。可见这一时期天然林面积的减少主要是由于道路和建筑扩张造成的。由表 9-7 可知，保护区 2010—2017 年的景观类型变化特征为：竹林、山核桃林、建筑向天然林的转化，转化面积分别为 31.87 hm²、50.35 hm² 和 0.53 hm²。这一时期，保护区不仅没有开展较大规模的基础建设，而且对竹林进行了砍伐。

表 9-6 保护区 2000—2010 年面积转移矩阵

景观类型	天然林	竹林	山核桃林	建筑	道路	耕地	水域	2000 年面积 (hm²)
天然林	830.16	1.84	0.21	3.55	4.89			840.65
竹林		86.98			0.23			87.21
山核桃林			50.13					50.13
建筑				4.94				4.94
道路					0.26			0.26
耕地						1.04		1.04
水域						0.03	0.24	0.27
2010 年面积 (hm²)	830.16	88.82	50.34	8.49	5.38	1.07	0.24	984.71

表 9-7　保护区 2010—2017 年面积转移矩阵

景观类型	天然林	竹林	山核桃林	建筑	道路	耕地	水域	2010 年面积（hm²）
天然林	830.16							830.16
竹林	31.87	53.95				3.01		88.83
山核桃林	50.35							50.35
建筑	0.53			7.69				8.22
道路	0.23				5.15			5.38
耕地						1.10	0.03	1.13
水域							0.24	0.24
2017 年面积（hm²）	913.14	53.95	0.00	7.69	5.15	4.11	0.27	984.71

表 9-8　社区 2000—2010 年面积转移矩阵

景观类型	天然林	竹林	山核桃林	香榧林	茶园	建筑	道路	耕地	水域	裸地	2000 年面积（hm²）
天然林	5452.09	112.36	121.32			3.53	5.77				5695.07
竹林		1452.15	129.2	1.21	2.29	4.41	2.19				1591.44
山核桃林			122.2	2.8							125.00
香榧林				2.77							2.77
茶园					41.97						41.97
建筑						67.73					67.73
道路							34.22				34.22
耕地		73.67	27.95			7.69	4.72	54.73			168.76
水域									63.97		63.97
裸地				0.71		1.21				9.06	10.98
2010 年面积（hm²）	5452.09	1638.18	400.67	7.49	44.26	84.57	46.9	54.73	63.97	9.06	7801.92

表 9-9　社区 2010—2017 年面积转移矩阵

景观类型	天然林	竹林	山核桃林	香榧林	茶园	建筑	道路	耕地	水域	裸地	2010 年面积（hm²）
天然林	5324.19	79.45	38.47	6.36			3.61				5452.08
竹林		1416.02	131.98	10.27		34.20	3.44	42.29			1638.2
山核桃林			400.67								400.67
香榧林				7.49							7.49

(续)

景观类型	天然林	竹林	山核桃林	香榧林	茶园	建筑	道路	耕地	水域	裸地	2010年面积（hm²）
茶园		16.97	19.10		6.11		1.98				44.16
建筑						84.57					84.57
道路							46.71				46.71
耕地						15.23		39.49			54.72
水域									63.68		63.68
裸地						1.12				7.94	9.06
2017年面积（hm²）	5324.19	1512.44	590.22	24.12	6.11	135.12	55.74	81.78	63.68	7.94	7801.92

(3) 景观格局变化

①类型斑块水平的演化　2000—2017年保护区的天然林、山核桃林、建筑的 PD 先升高后下降，竹林 PD 一直下降；天然林的 LPI 略有升高，其他景观类型的 LPI 变化幅度不大；天然林、竹林的 $PARA\text{-}MN$ 呈升高趋势，其他景观类型的 LPI 变化幅度不大；竹林斑块结合度 $COHESION$ 呈下降趋势。可见近20年保护区的景观格局整体变化不大。

社区各景观类型 PD 均显著高于保护区，而且天然林、竹林、山核桃、香榧的 PD 逐步增长（表9-8、表9-9）。天然林、竹林的 LPI 逐步下降，山核桃林、香榧的 LPI 逐步上升，耕地的 LPI 先下降后上升。除了茶园以外，几乎所有景观类型的 $PARA\text{-}MN$ 都呈上升趋势。天然林和竹林的 $COHESION$ 呈下降趋势、山核桃和建筑呈上升趋势、耕地先下降后上升。由此可见，虽然森林面积变化不大，但是由于频繁的人为影响，社区的景观破碎化程度一直在加剧，天然林的优势地位一直在下降，与保护区的演化趋势相反（表9-10）。

表9-10　研究区2000—2017年类型水平景观格局特征

年份	景观类型	PD(hm^{-2})		LPI(%)		$PARA\text{-}MN$		$COHESION$(%)	
		保护区	社区	保护区	社区	保护区	社区	保护区	社区
2000	天然林	0.20	0.55	4.35	90.82	465	1269	99.99	99.69
	竹林	1.02	3.86	0.10	51.35	1005	1392	99.48	99.44
	山核桃	0.30	1.54	1.98	5.57	591	968	96.22	97.22
	香榧		0.02		0.22		568		97.30
	茶		0.59		3.01		1107		96.69
	建筑	0.61	1.38	0.33	11.54	1178	1727	97.34	96.15
	耕地	0.10	1.45	0.11	12.13	734	1935	97.15	97.79
	水域	0.10	0.59	0.03	1.88	866	2771	94.32	98.12
	裸地		0.42		0.42		1476		94.20

(续)

年份	景观类型	PD(hm^{-2}) 保护区	PD(hm^{-2}) 社区	LPI(%) 保护区	LPI(%) 社区	PARA-MN 保护区	PARA-MN 社区	COHESION(%) 保护区	COHESION(%) 社区
2010	天然林	0.61	0.99	4.86	80.00	923	1995	99.99	99.55
	竹林	0.81	4.87	0.10	46.73	1149	2186	95.55	99.40
	山核桃	1.02	3.94	2.05	14.31	1968	1442	99.51	97.72
	香榧		0.09		0.34		660		97.34
	茶		1.72		3.44		1231		96.71
	建筑	1.02	3.26	0.32	8.70	1245	2484	96.66	96.47
	耕地	0.10	3.24	0.14	2.57	786	2176	97.52	95.87
	水域	0.10	0.81	0.02	1.82	995	3013	93.98	97.78
	裸地		0.12		2.74		1409		96.32
2017	天然林	0.41	4.22	5.06	59.13	996	2119	99.99	99.51
	竹林	0.51	7.86	0.10	41.83	1492	4872	92.84	99.18
	山核桃		6.32		15.57		2906		97.96
	香榧		0.27		3.03		2744		96.37
	茶		0.06		1.68		830		96.42
	建筑	0.91	3.15	0.32	14.11	995	3030	96.89	97.42
	耕地	0.30	2.56	0.14	8.95	707	3928	97.68	97.24
	水域	0.10	1.19	0.02	1.90	961	3635	94.36	97.42
	裸地		0.35		0.44		1600		95.33

②景观水平的变化 表9-11表明近20年保护区的 ED、LSI、SHDI 和 SHEI 均呈现先上升后下降的变化趋势，CONTAG 与之相反，但是总体变化幅度不大。2000—2010年保护区景观异质性有所增加，优势景观天然林的聚集程度略有下降；2010—2017年，随着基础建设等负向人为干扰强度的减弱，以及竹林和山核桃林面积缩减等因素的影响，天然林优势景观的地位得到回升。

近20年社区 ED、LSI、SHDI 和 SHEI 均逐渐上升，而 CONTAG 逐渐下降，说明社区景观在近20a形状趋于复杂，景观异质性程度升高，天然林这一主体景观的聚集度降低，优势地位一直在下降，各景观类型的分布趋于匀质化，说明这期间社区景观受到的人为干扰较大。

表 9-11 研究区 2000—2017 年景观水平景观格局特征

年份	ED(m·hm^{-2})		LSI		CONTAG(%)		SHDI		SHEI	
	保护区	社区	保护区	社区	保护区	社区	保护区	社区	保护区	社区
2000	24.72	120.86	4.05	6.93	87.45	73.96	0.50	0.96	0.24	0.47
2010	40.66	162.71	5.30	8.85	86.02	71.00	0.54	1.03	0.26	0.52
2017	35.34	176.12	4.88	9.67	87.32	68.26	0.49	1.15	0.24	0.56

(4) 驱动力分析

①政策因素的影响　通过比较发现，近20年保护区的土地利用和景观格局变化远低于社区，这与保护区的政策密切相关。一方面，保护区内的天然林受到严格保护，而且基础设施如建筑、道路的修建也有严格的限制，所以仅在2000—2010年间因为道路修建和竹林扩张，天然林的面积比例略有下降，破碎度略有升高；另一方面，政策因素对保护区景观格局的影响也是多方面的。毛竹林是保护区的竹林群组之一，扩张性非常强。1994年国家《森林法》修订后，保护区内的毛竹也受到严格保护，导致其面积迅速扩张并危害阔叶林等地带性植被。2010年以来保护区获得有关部门批准后对毛竹林进行了有规划的抚育，2010—2017年的毛竹林面积下降就是因为采伐导致的，采伐迹地逐渐演替为天然林。由此可见，政策因素引起的毛竹林扩张和消退、天然林面积的变化是保护区土地利用和景观格局变化最重要的人为因素。而社区因为没有严格的保护政策，土地利用和景观格局受到较强的人为影响。

②市场因素的影响　社区的变化主要由经济林的扩张和不同经济林面积比例的变化引起的。竹林、山核桃林、香榧林的扩张导致了天然林面积的逐年下降，竹林向山核桃林和香榧林转化导致了景观破碎度和异质性的增加。根据统计年鉴资料和实地走访信息可知，竹产品笋干是该社区的特色林产品，一直是当地社区的重要经济来源之一，但是近几年笋干价格走低而且销售困难。山核桃为临安特有经济物种，但并非天目山地区的主要经济树种，20世纪90年代以来干果价格一直走高，所以研究区居民将竹林改成山核桃林。香榧是浙江省诸暨市的特产，干果市场价格高于山核桃，是近年来浙江省政府推广的经济作物，所以在研究区的种植面积正逐年上升。由此可见，市场需求的变化引起了经济林树种和面积的变化，导致了社区土地利用和景观格局的变化。

③道路因素的影响　在空间格局上，天然林转化为竹林、山核桃林，竹林转化为山核桃林和香榧林主要发生在道路两侧(图9-10)。这是因为研究区地形多为丘陵地带，没有便利的交通就难以运输生产物资和林产品，所以道路也是社区经济林扩张的重要因素之一。

4. 讨论

21世纪以来的全球人口、资源和环境变化使得人们对森林价值的认识发生了巨大改变。森林不仅具有提供木材和粮食等经济功能，而且还有应对全球气候变化、保护野生生物和维持生物多样性等生态功能，以及审美、休闲和游憩、科学研究等社会文化功能，同时人们对森林的生态和社会文化功能的需求也不断增加。但是在实际的生产和实践过程中，森林的生态、经济和社会价值之间往往存在着此消彼长的权衡关系。人为活动引起的土地利用变化是生态系统服务功能变化的最主要因素。城镇和道路的建设有助于经济效益的提升，但是这两者的扩张会导致生态效益的降低。另一方面，即使土地利用类型不变，频繁的人为扰动及高强度的土地利用，也会导致其生态效益的下降。已有研究表明土地利用强度的提升会通过增加景观破碎度导致水土和养分的过量流失，提高生态系统的敏感性和脆弱性。例如，柳冬青等对陇中黄土丘陵区的研究表明，随着土地利用强度的增加，该区域生态系统供给服务比例升高，但是调节和支持服务比例逐步降低。欧阳志云、胡和兵、王航等的研究也均表明生态完整性好、景观破碎度的区域生态效益更高。

本论文研究发现，近 20 年来天目山集体林区的天然林不断向经济林转移，同时经济林种类也因为市场需求的变化而变化，从毛竹转向山核桃再转向香榧，因此土地利用的强度也较高。同时社区的建筑和道路面积占比虽然较低，但也在不断升高。土地利用的变化引起了社区天然林景观优势地位的不断下降，整个林区的景观破碎度、多样性和均匀性逐步升高。当地居民的经济需求是导致这一现象产生的主要原因，道路的扩张是促进这一现象的重要因素。结合前人研究结果，社区土地利用的转变以及景观格局的变化很有可能会导致水土流失、生物多样性下降等一系列的生态问题，这不利于社区长期的经济发展和生态安全，为此有必要探索生态效益与社会经济效益协同发展的集体林经营机制和措施。

依据森林生态系统经营理念，根据本研究的结果和研究区实际状况，初步提出以下对策：首先需要明确经营的目的是实现人与自然的和谐共处，既满足森林当代人的需求又不损害后代人的利益；其次将经营水平从林分尺度转变为景观水平，将社区的居民区、农田、道路和森林作为一个整体进行经营，优化利用景观资源、权衡和协同多种生态系统的服务功能，这可以减少森林生态系统及其与之紧密相连的社区环境和经济的风险，提升自然资源供给、食物安全和社会发展的长期稳定性，同时还可以提高景观的文化价值。在明确了这两个前提的基础上，通过政策限制经济林面积、提高经济林单位面积效益、退竹换阔等措施实现可持续经营目标。对比保护区可以发现，由于具有严格的政策保护，保护区的土地利用和景观格局变化趋势与社区相反，经济林向天然林转移，呈现天然林优势地位非常高，景观异质性和破碎度较低的现象。由此可见政策措施是实现天然林保护的有效手段，在社区也可以出台相应制度以控制经济林面积的扩张，避免天然林继续转化为经济林。需要注意的是由于集体林土地权属的问题，政策制定时还应考虑其特殊性和可行性。其次，政府通过技术支持和引导等手段提高经济林单位面积效益，例如，开展林下经济或结合当地的旅游产业开展森林采摘等体验式旅游形式，以缓解居民为追求经济收入一味扩大经济林面积的现象。再次，研究还发现近年来虽然竹林面积在降低，但是由于竹林自身较强的扩张能力，其在人为干扰较少区域仍在继续侵占天然林，因此还需要对这些区域的竹林扩张情况进行监测，必要时可以采取保护区的措施进行人为砍伐。最后，道路是促进经济林扩张的重要条件，而且对生态系统的负面影响非常大，因此在研究区道路建设过程中，尤其是一些偏僻区域的道路建设需要慎重。

第 10 章　课程综合实习部分

实习 1　生态恢复与生态工程设计(8 天)

1. 实习目的

通过生态工程与生态恢复试点区域的调查和分析，使学生能感性地把握书本上的理论知识，进而理解如何综合性地利用这些基本方法和技术开展综合性研究，并在实践中获取新的知识；此次实习的目的在于培养学生掌握恢复生态学领域基本研究方法、手段，熟悉生态恢复的常规技术，提高学生分析和解决具体生态问题的能力和素质。实习所需背景材料见本文第 1 章。

2. 实习任务

(1) 退化森林生态系统的生态修复与生态工程技术。

(2) 退化农田的生态修复与生态工程技术。

(3) 公路边坡修复及测量。

(4) 河道近自然修复(苕溪江)。

3. 实习所需仪器设备

手持 GPS 定位仪、测绳、卷尺、海拔表、手持罗盘、记录本。

4. 调查内容与方法

(1) 退化森林生态系统的生态修复与生态工程技术

①天目山次生林的特征：生物组成特征，水土环境特征；

②生态系统退化与物种入侵；

③退化森林生态系统恢复技术。

(2) 退化农田的生态修复与生态工程技术

①退化农田的特征：生物组成特征，水土环境特征；

②生态系统退化与水土流失；

③退化农田生态系统恢复技术。

(3) 公路边坡修复及测量

①参观公路边坡护坡工程，了解公路边坡及边沟的意义、设计。

②了解常见公路边坡植物防护的形式，了解它们的生长环境、生理习性及种植方式等。

(4) 河道近自然修复(苕溪江)

以区域河流为例,每个同学任选一段,分析河流退化的现状及原因;对河流(某一段)提出合适的生态修复方法,并通过 CAD 技术做出合适的效果图。

5. 日程安排

第 1 天:天目山森林生态工程建设调查;

第 2 天:典型流域的农田生态工程建设调查;

第 3 天:天目山国家级自然保护区道路边坡工程建设调查;

第 4 天:人类活动区对河流生态系统影响调查;

第 5~8 天:不同类型退化生态系统恢复评价与生态工程设计。

6. 实习要求

(1) 野外参观考察

①参观期间严格遵守各项法律法规,爱护沿途的各项设施和财物;

②遵守参观单位的各项规定,不能随意动用他人物品;

③听从实习指导教师和参观单位人员的安排,注意安全;

④参观考察时与实习内容所列出的要点相结合进行思考;

⑤在野外考察实习结束后,完成实习报告,字数不少于 3000 字。

(2) 室内课程设计要求

①要求每一位同学独立完成课程设计;

②要求每一位同学单独提供以下最终成果:

A. 绘制保护区道路边坡设计图和河道近自然修复设计图;

B. 编写相关设计说明书。包括文字说明(5000 字以上)、设计图和计算表格。

实习 2 林业生态工程规划设计(8 天)

1. 实习目的

通过林业生态工程试点区域的野外实习,使学生将课堂中学习的理论知识与实践相结合,形成初步的感性认识;通过指定区域的林业生态工程课程设计,使学生掌握和理解理论知识的具体和综合应用,提高学生的动手和实践工作能力。

2. 实习主要内容

(1) 实习地自然地理、地貌特征

(2) 林业生态工程体系的景观格局

(3) 林业生态工程体系的林种配置

具体内容包括:

①坡面林业生态工程体系的林种配置;

②沟道林业生态工程体系的林种配置;

③特种经济林的林种配置;

④库岸防护林业生态工程体系的林种配置。

(4)不同林业生态工程体系林种的树种配置

具体内容包括：

①坡面防护林树种配置；

②坡面薪炭林树种配置；

③坡面用材林树种配置；

④沟道防护林树种配置；

⑤特种经济林树种配置；

⑥库岸防护林树种配置。

(5)林业生态工程体系的设计

①林业生态工程体系的总体布局；

②林业生态工程具体林种的典型设计；

③林业生态工程体系的投资概算。

3. 日程安排

第1天：参观沟道的林业生态工程建设；

第2天：参观典型流域的林业生态工程建设；

第3天：参观防护区林业生态工程建设；

第4~8天：小流域的林业生态工程设计。

4. 实习所需仪器设备

手持GPS定位仪、测绳、卷尺、海拔表、手持罗盘、记录本。

5. 实习要求

(1)野外参观考察

①参观期间严格遵守各项法律法规，爱护沿途的各项设施和财物；

②遵守参观单位的各项规定，不能随意动用他人物品；

③听从实习指导教师和参观单位人员的安排，注意安全；

④参观考察时与实习内容所列出的要点相结合进行思考；

⑤在野外考察实习结束后，完成考察实习报告，字数不少于3000字。

(2)室内课程设计要求

①要求每一位同学独立完成课程设计；

②要求每一位同学单独提供以下最终成果：

A. 制出流域林业生态工程体系总体布设图；

B. 编写流域林业生态工程体系规划设计说明书。包括文字说明(约15 000字)、造林模式设计图和计算表格。

(3)实习步骤

①在地形图上划定一个完整流域，计算出流域面积；

②对流域进行立地类型划分，对每一类型的面积进行量算；

③根据立地类型的特点配置合理的林业生态工程体系；

④对每一种林业生态工程林种进行造林模式设计，包括树种的选择、整地方式方法、

种植点配置、苗木规格、造林季节、种植等内容；

⑤进行简单的效益分析；

⑥进行简单的经费概算。

实习3　水土流失综合调查(2天)

1. 实习主要任务

(1) 自然情况的调查

结合生态学本底调查一致。

(2) 社会经济调查

人口与劳动力、村镇产业结构与状况、村镇人民生活水平等。

(3) 水土流失调查

水土流失现状、水土流失危害调查。

(4) 水土保持调查

水土保持历史调查、水土保持成果调查、水土保持经验调查、水土保持存在的问题调查。

2. 实习所需仪器设备

手持 GPS 定位仪、测绳、卷尺、海拔表、手持罗盘、记录本、调查表格。

3. 调查内容及方法

(1) 自然情况调查

地质、地貌、流域面积、流域长度、流域的平均宽度、流域的形状系数等。

(2) 社会经济调查

主要通过走访、调查询问等方式了解当地的人口总数、人口密度、劳力总数、农业人口与非农业人口、人口自然增长率、村镇经济、农业生产、林业生产、牧业生产及其他副业生产、村镇人民生活水平等。

(3) 水土流失现状调查

包括面蚀、沟蚀状况。

(4) 水土流失危害调查

大的水土流失事件的调查。

(5) 水土保持现状调查

调查区内水土保持工作开展的时间、发展阶段、各阶段的特点等。

参考文献

陈佑启，杨鹏，2001. 国际上土地利用/土地覆被变化研究的新进展[J]. 经济地理，21(1)：95-100.

程积民，李香兰，1992. 子午岭植被类型特征与枯枝落叶层保水作用的研究[J]. 武汉植物研究，10(1)：55-64.

丁炳扬，2010. 天目山植物志[M]. 杭州：浙江大学出版社.

杜华强，汤孟平，崔瑞蕊，2011. 天目山常绿阔叶林土壤养分的空间异质性[J]. 浙江农林大学学报，28(4)：562-568.

顾延生，2016. 三峡秭归地区普通生态学野外实习指导书[M]. 武汉：中国地质大学出版社.

国庆喜，孙龙，2010. 生态学野外实习手册[M]. 北京：高等教育出版社.

国庆喜，王晓春，孙龙，2004. 植物生态学实验实习方法[M]. 哈尔滨：东北林业大学出版社.

何俊，赵秀海，范娟，等，2010. 九连山亚热带常绿阔叶林群落特征研究[J]. 西北植物学报，30(10)：2093-2102.

洪伟，柳江，吴承祯，2001. 红锥种群结构和空间分布格局的研究[J]. 林业科学，37(S1)：6-10.

胡荣桂，刘康，2010. 环境生态学[M]. 武汉：华中科技大学出版社.

胡晓敏，董安强，王发国，等，2011. 广东南岭大东山浙江润楠群落物种多样性与区系地理成分分析[J]. 植物科学学报，29(3)：265-271.

江洪，楼涛，2016. 天目山植被：格局、过程和动态[M]. 上海：上海交通大学出版社.

蒋文伟，郭运雪，杨淑贞，等，2011. 天目山柳杉树干液流动态及其与环境因子的关系[J]. 江西农业大学学报. 33(5)：899-905.

冷平生，2010. 园林生态学[M]. 北京：中国农业出版社.

李宏庆，朱瑞良，王幼芳，等，2017. 天目山植物学野外实习指导[M]. 上海：华东师范大学出版社.

林大仪，2004. 土壤学实验指导[M]. 北京：科学出版社.

临安区统计局，2020. 2019年杭州市临安区国民经济和社会发展统计公报[EB]. 2019-03-19. http://www.linan.gov.cn/art/2020/4/13/art_ 12292526_ 3049271.html

刘春江，杨玉盛，马祥庆，2003. 欧亚大陆地上森林凋落物的研究[J]. 世界林业研究，14(1)：27-34.

刘贵峰，丁易，臧润国，等，2011. 天山云杉种群分布格局[J]. 应用生态学报，22(1)：9-13.

刘金福，2004. 格氏栲种群结构与动态规律研究[D]. 北京：北京林业大学.

骆争荣，2011. 百山祖亚热带常绿阔叶林群落密度制约的作用[D]. 杭州：浙江大学.

马克平，刘玉明，1994. 生物群落多样性的测度方法 Iα 多样性的测度方法（下）[J]. 生物多样性，2(4)：231-239.

马克平，1994. 生物多样性研究的原理与方法[M]. 北京：科学技术出版社.

马雪华，1987. 四川米亚罗地区高山冷杉林水文作用的研究[J]. 林业科学，23(3)：253-265.

申明亮，张超，郑超超，等，2014. 天目山自然保护区常绿落叶阔叶林优势种群空间分布格局[J]. 浙江大学学报（理学版），41(6)：715-724.

时培建，郭世权，杨清培，等，2010. 毛竹的异质性空间点格局分析[J]. 生态学报，30(6)：4401-4407.

史培军，宫鹏，李晓兵，等，2000. 土地利用与土地覆被变化研究的方法与实践[M]. 北京：科学出版社.

苏文贵，1999. 景观动态研究的模型方法[G]. 常禹. //肖笃宁. 景观生态学研究进展. 长沙：湖南科学技术出版社，159-161.

覃林，2009. 统计生态学[M]. 北京：中国林业出版社.

汤孟平，周国模，施拥军，等，2006. 天目山常绿阔叶林优势种群及其空间分布格局[J]. 植物生态学报，30(5)：743-752.

王晨晖，潘夏莉，毛忠，等，2017. 浙江天目山金钱松群落特征及其物种多样性研究[J]. 中国园艺文摘，33(3)：53-59.

王晨晖，2014. 浙江天目山金钱松自然群落特征及种群动态研究[D]. 杭州：浙江农林大学.

王金叶，于澎涛，王彦辉，等，2008. 森林生态水文过程研究[M]. 北京：科学出版社.

王礼先，张志强，1998. 森林植被变化的水文生态效应研究进展[J]. 世界林业研究，11(6)：14-23.

王琪，朱卫红，付婧，等，2010. 长白山不同海拔湿地植物群落结构及其物种多样性研究[J]. 延边大学学报（自然科学版），36(1)：78-83.

王秀兰，包玉海，1999. 土地利用动态变化研究方法探讨[J]. 地理科学进展，18(1)：81-87.

邬建国，2007. 景观生态学：格局，过程，尺度与等级[M]. 北京：科学出版社.

吴征镒，孙航，周浙昆，等，2010. 中国种子植物区系地理[M]. 北京：科学出版社.

夏爱梅，达良俊，朱虹霞，等，2004. 天目山柳杉群落结构及其更新类型[J]. 浙江林学院学报，21(1)：46-52.

夏军，孙雪涛，丰华丽，等，2003. 西部地区生态需水问题研究面临的挑战[J]. 中国水利,5(A):57-60.

肖笃宁,李秀珍,高峻,等,2003.景观生态学[M].北京:科学出版社.

邢福,2013.长白山生态学实习指导[M].北京:高等教育出版社.

徐学红,于明坚,徐学红,等,2005.浙江古田山自然保护区甜槠种群结构与动态[J].生态学报,25(3):645-653.

薛立,何跃君,屈明,等,2005.华南典型人工林凋落物的持水特性[J].植物生态学报,29(3):415-421.

杨晓丽,邢福武,陈树钢,等,2013.广东省南昆山自然保护区厚叶木莲的群落特征研究[J].热带亚热带植物学报,21(4):356-364.

余新晓,史宇,王贺年,等,2013.森林生态系统水文过程与功能[M].北京:科学出版社.

余新晓,王彦辉,王玉杰,等,2014.中国典型区域森林生态水文过程与机制[M].北京:科学出版社.

余新晓,张志强,陈丽华,等,2004.森林生态水文[M].北京:中国林业出版社.

岳华峰,井振华,邵文豪,等,2012.浙江天目山苦槠种群结构和动态研究[J].植物研究,32(4):473-480.

张金屯,陈廷贵,2002.关帝山植物群落物种多样性研究Ⅱ.统一多样性和β多样性[J].山西大学学报(自然科学版),25(2):173-175.

张金屯,1995.植被数量生态学方法[M].北京:中国科学技术出版社.

张金屯,2004.数量生态学[M].北京:科学出版社.

张志强,2002.森林水文:过程与机制[M].北京:中国环境科学出版社.

章家恩,2012.生态学野外综合实习指导[M].北京:中国环境科学出版社.

章皖秋,李先华,罗庆州,等,2003.基于 RS、GIS 的天目山自然保护区植被空间分布规律研究[J].生态学杂志,22(6):21-27.

赵志模,郭依泉,1990.群落生态学原理与方法[M].北京:科学技术文献出版社重庆分社.

周重光,柴锡周,沈辛作,等,1990.天目山森林土壤的水文生态效应[J].林业科学研究,3(3):215-221.

朱建刚,2010.北京山区典型森林生态系统 SVAT 水分动态非线性系统仿真研究[D].北京:北京林业大学.

朱志红,李金钢,2014.生态学野外实习指导[M].北京:科学出版社.

诸葛刚,陈关富,等,2004.浙江天目山国家级自然保护区生态旅游规划[R].浙江:浙江天目山国家级自然保护区管理局

CUDS J T, MEINTOSH R P, 1951. An upland forest continuum in the prairie-forest border region of Wisconsin[J]. Ecology, 32(8):426-496

DIXON P M, 2011. Ripley's K function[J]. Acta Ecologica Sinica(3):1796-1803.

ODUM E P, BARRETT G W, 1980. Fundamentals of Ecology[M]. America: Cengage

参考文献

Learning.

GETZIN S, WIEGAND T, et al. , 2008. Heterogeneity influences spatial patterns and demographics in forest stands[J]. Journal of Ecology, 96(4): 807-820.

GRUBB P J, 1977. The maintenance of species-richness in plant communities: the importance of the regeneration niche[J]. Biological Reviews, 52: 107-145.

HOBBS R J, 1994. Dynamics of vegetation mosaics: Can we predict responses to global change? [J]. Ecoscience, 1: 346-356.

JENERETTE G D, WU J, 2001. Analysis and simulation of land use change in the central Arizona Phoenis region[J]. Landscape Ecology, 16(8): 611-626.

KIRKPATRICK L A, WEISHAMPEL J F, 2005. Quantifying spatial structure of volumetric neutral models[J]. Ecol Model, 186 (3): 312-325.

RAUNKIARR C, 1934. The Life Forms of Plants and Statistical Plant Geography[M]. New York: Oxford University Press.

STOYAN D, PENTTINEN A, 2000. Recent applications of point process methods in forestry statistics[J]. Statistical Science, 15(1): 61-78.

TAMAI K, ABE T, et al. , 1998. Radiation budget, soil heat flux and latent heat flux at the forest floor in warm, temperate mixed forest[J]. Hydrologic Processes, 6: 455-465.

WIEGAND T, MOLONEY K A, 2004. Rings, circles, and null-models for point pattern analysis in ecology[J]. Oikos, 104(2): 209-229.

PLATT W J, DANALD R STRONG, 1989. Special Feature: Gaps in Forest Ecology[J]. Ecology, 70(03): 535.

附 录

附录一　天目山生态学野外实习注意事项

1. 穿着适合野外行动的运动鞋(鞋底不算薄的耐磨鞋)，严禁高跟鞋。下雨天带好雨具。

2. 注意上、下车安全。上车不要抢位子，下车要小心，注意脚下不要踩空。在野外上下车时更要注意过往车辆，以免交通事故发生。

3. 每日外出实习及实习结束返回落脚点前必须清点人数及仪器设备，领队老师、班级负责人、小组负责人之间应互相留存联系方式，小组负责人要留存小组成员联系方式。

4. 野外行路注意安全。各小组成员之间保持联系，如果有成员失散，同小组成员要首先与班长或带队老师取得联系。上下坡应注意踏实稳重，避免打滑摔倒。

5. 实习中要吃苦耐劳，敢于磨炼自己。实践才能出真知，各小组应协调好组内分工，避免少数人做多数活，确保每个人都能学到有用的知识技能。

6. 遵守组织纪律，不得擅自离队(有事要先和班级负责人或领队老师协商)，尽量避免在野外单独行动，一切实习活动听从领队人员指挥安排。

7. 交通出行、饮食起居、野外采样等都要以安全为重，不乱吃野果乱喝生水，不酗酒吵闹。

8. 师生、同学之间要团结友爱，互帮互助，互相关心，此外也要注意维护好与保护区内村民、游客及工作人员的关系，礼貌待人。

9. 要爱护科研仪器设备，使用后及时归还，避免影响下一批同学使用。

10. 实习过程中要保持文明礼貌的良好作风，善于利用和建立人际关系，为实习任务的圆满完成铺垫好的环境。

学院学科(系)

附录二　天目山生态学野外实习安全责任书

　　本人已经阅读和理解《天目山生态学野外实习注意事项》的全部内容，并保证严格遵守。在野外实习期间，各位同学服从老师和班级负责人的安排，不得擅自离队，如有违纪，按具体情况、后果及影响追究其责任！

　　班责任人签字：

年　　月　　日

附录三 天目山常见苔藓植物、蕨类植物名录

科名	属名	种名	学名
蛇苔科	蛇苔属	蛇苔	*Conocephalum conicum*
魏氏苔科	毛地钱属	毛地钱	*Dumortiera hirsuta*
细鳞苔科	瓦鳞苔属	南亚瓦鳞苔	*Trocholejeunea sandvicensis*
光萼苔科	多瓣苔属	多瓣苔	*Macvicaria ulophylla*
耳叶苔科	耳叶苔属	盔瓣耳叶苔	*Frullania muscicola*
羽苔科	羽苔属	刺叶羽苔	*Plagiochila sciophila*
曲尾藓科	小曲尾藓属	变形小曲尾藓	*Dicranella varia*
白发藓科	白发藓属	白发藓	*Leucobryum glaucum*
凤尾藓科	凤尾藓属	大凤尾藓	*Fissidens nobilis*
紫萼藓科	紫萼藓属	毛尖紫萼藓	*Grimmia pilifera*
真藓科	真藓属	比拉真藓	*Bryum billarderi*
	大叶藓属	暖地大叶藓	*Rhodobryum giganteum*
虎尾藓科	虎尾藓属	虎尾藓	*Hedwigia ciliata*
葫芦藓科	葫芦藓属	葫芦藓	*Funaria hygrometrica*
提灯藓科	匐灯藓属	匐灯藓	*Plagiomnium cuspidatum*
木灵藓科	蓑藓属	福氏蓑藓	*Macromitrium ferriei*
蔓藓科	悬藓属	鞭枝悬藓	*Barbella flagellifera*
孔雀藓科	孔雀藓属	黄边孔雀藓	*Hypopterygium flavo-limbatum*
绢藓科	绢藓属	长柄绢藓	*Entodon macropodus*
羽藓科	羽藓属	大羽藓	*Thuidium cymbifolium*
青藓科	青藓属	多枝青藓	*Brachythecium fasciculirameum*
	鼠尾藓属	鼠尾藓	*Myuroclada maximowiczii*
	长喙藓属	水生长喙藓	*Rhynchostegium riparioides*
棉藓科	棉藓属	垂蒴棉藓	*Plagiothecium nemorale*
灰藓科	灰藓属	大灰藓	*Hypnum plumaeforme*
金发藓科	仙鹤藓属	波叶仙鹤藓	*Atrichum undulatum*
	小金发藓属	小金发藓	*Pogonatum aloides*
角苔科	黄角苔属	高领黄角苔	*Phaeoceros laevis* subsp. *crolinianus*

（续）

科名	属名	种名	学名
苔藓植物↑			
蕨类植物↓			
石松科	石杉属	蛇足石杉	*Huperzia serrata*
卷柏科	卷柏属	伏地卷柏	*Selaginella nipponica*
		江南卷柏	*Selaginella moellendorffii*
		翠云草	*Selaginella uncinata*
紫萁科	紫萁属	紫萁	*Osmunda japonica*
海金沙科	海金沙属	海金沙	*Lygodium japonicum*
里白科	芒萁属	芒萁	*Dicranopteris dichotoma*
膜蕨科	假脉蕨属	团扇蕨	*Crepidomanes minutum*
鳞始蕨科	乌蕨属	乌蕨	*Odontosoria chinensis*
碗蕨科	蕨属	蕨	*Pteridium aquilinum* var. *latiusculum*
蹄盖蕨科	安蕨属	日本安蕨	*Anisocampium niponicum*
凤尾蕨科	粉背蕨属	银粉背蕨	*Aleuritopteris argentea*
	碎米蕨属	毛轴碎米蕨	*Cheilanthes chusana*
	凤丫蕨属	凤丫蕨	*Coniogramme japonica*
	凤尾蕨属	井栏边草	*Pteris multifida*
金星蕨科	毛蕨属	渐尖毛蕨	*Cyclosorus acuminatus*
	卵果蕨属	延羽卵果蕨	*Phegopteris decursive-pinnata*
鳞毛蕨科	贯众属	贯众	*Cyrtomium fortunei*
	鳞毛蕨属	同形鳞毛蕨	*Dryopteris uniformis*
	耳蕨属	对马耳蕨	*Polystichum tsus-simense*
水龙骨科	瓦韦属	瓦韦	*Lepisorus thunbergianus*
	石韦属	石韦	*Pyrrosia lingua*
槐叶蘋科	满江红属	满江红	*Azolla pinnata* subsp. *asiatica*

附录四 天目山常见裸子植物、被子植物名录

科名	属名	种名	学名
银杏科	银杏属	银杏	*Ginkgo biloba*
松科	雪松属	雪松	*Cedrus deodara*
	松属	马尾松	*Pinus massoniana*
		黄山松	*Pinus taiwanensis*
	金钱松属	金钱松	*Pseudolarix amabilis*
柏科	柳杉属	柳杉	*Cryptomeria japonica* var. *sinensis*
	杉木属	杉木	*Cunninghamia lanceolata*
	水杉树	水杉	*Metasequoia glyptostroboides*
	台湾杉属	台湾杉	*Taiwania cryptomerioides*
	扁柏属	日本花柏	*Chamaecypari spisifera*
	福建柏属	福建柏	*Fokienia hodginsii*
	刺柏属	圆柏	*Juniperus chinensis*
	侧柏属	侧柏	*Platycladus orientalis*
	崖柏属	北美香柏	*Thuja occidentalis*
红豆杉科	三尖杉属	三尖杉	*Cephalotaxus fortunei*
	红豆杉属	南方红豆杉	*Taxus wallichiana* var. *mairei*
	榧属	榧树	*Torreya grandis*

裸子植物↑

被子植物↓

科名	属名	种名	学名
木兰科	厚朴属	厚朴	*Houpoea officinalis*
	鹅掌楸属	鹅掌楸	*Liriodendron chinense*
	玉兰属	天目玉兰	*Yulania amoena*
		黄山玉兰	*Yulania cylindrica*
蜡梅科	夏蜡梅属	夏蜡梅	*Calycanthus chinensis*
樟科	樟属	樟	*Cinnamomum camphora*
	山胡椒属	乌药	*Lindera aggregata*
		红果山胡椒	*Lindera erythrocarpa*
		山胡椒	*Lindera glauca*
		三桠乌药	*Lindera obtusiloba*
		绿叶甘橿	*Lindera neesiana*
		山橿	*Lindera reflexa*
		红脉钓樟	*Lindera rubronervia*

(续)

科名	属名	种名	学名
樟科	木姜子属	天目木姜子	*Litsea auriculata*
		豹皮樟	*Litsea coreana* var. *sinensis*
		山鸡椒	*Litsea cubeba*
	润楠属	红楠	*Machilus thunbergii*
	楠属	紫楠	*Phoebe sheareri*
	檫木属	檫木	*Sassafras tzumu*
金粟兰科	金粟兰属	丝穗金粟兰	*Chloranthus fortunei*
		宽叶金粟兰	*Chloranthus henryi*
		及己	*Chloranthus serratus*
三白草科	蕺菜属	蕺菜(鱼腥草)	*Houttuynia cordata*
马兜铃科	马兜铃属	马兜铃	*Aristolochia debilis*
	细辛属	杜衡	*Asarum forbesii*
五味子科	八角属	红毒茴	*Illicium lanceolatum*
	冷饭藤属	南五味子	*Kadsura longipedunculata*
毛茛科	银莲花属	鹅掌草	*Anemone flaccida*
	驴蹄草属	驴蹄草	*Caltha palustris*
	铁线莲属	女萎	*Clematis apiifolia*
		大花威灵仙	*Clematis courtoisii*
		山木通	*Clematis finetiana*
		柱果铁线莲	*Clematis uncinata*
	翠雀属	还亮草	*Delphinium anthriscifolium*
	毛茛属	毛茛	*Ranunculus japonicus*
	天葵属	天葵	*Semiaquilegia adoxoides*
小檗科	鬼臼属	六角莲	*Dysosma pleiantha*
	十大功劳属	阔叶十大功劳	*Mahonia bealei*
	南天竹属	南天竹	*Nandina domestica*
木通科	大血藤属	大血藤	*Sargentodoxa cuneata*
	木通属	木通	*Akebia quinata*
		三叶木通	*Akebia trifoliata*
	八月瓜属	鹰爪枫	*Holboellia coriacea*
防己科	木防己属	木防己	*Cocculus orbiculatus*
	风龙属	风龙(防己)	*Sinomenium acutum*
	千金藤属	千金藤	*Stephania japonica*

(续)

科名	属名	种名	学名
清风藤科	泡花树属	红柴枝	*Meliosm aoldhamii*
	清风藤属	鄂西清风藤	*Sabia campanulata* subsp. *ritchieae*
罂粟科	博落回属	博落回	*Macleaya cordata*
	荷青花属	荷青花	*Hylomecon japonica*
	紫堇属	刻叶紫堇	*Corydalis incisa*
		蛇果黄堇	*Corydalis ophiocarpa*
		黄堇	*Corydalis pallida*
连香树科	连香树属	连香树	*Cercidiphyllum japonicum*
金缕梅科	蜡瓣花属	腺蜡瓣花	*Corylopsis glandulifera*
	牛鼻栓属	牛鼻栓	*Fortunearia sinensis*
	檵木属	檵木	*Loropetalum chinense*
蕈树科	枫香树属	枫香树	*Liquidambar formosana*
虎皮楠科	虎皮楠属	交让木	*Daphniphyllum macropodum*
杜仲科	杜仲属	杜仲	*Eucommia ulmoides*
榆科	榆属	榔榆	*Ulmus parvifolia*
		榆树	*Ulmus pumila*
		红果榆	*Ulmus szechuanica*
	榉属	大叶榉树	*Zelkova schneideriana*
大麻科	葎草属	葎草	*Humulus scandens*
	糙叶树属	糙叶树	*Aphananthe aspera*
	朴属	朴树	*Celtis sinensis*
桑科	构属	楮	*Broussonetia kazinoki*
		构树	*Broussonetia papyrifera*
	榕属	薜荔	*Ficus pumila*
		珍珠莲	*Ficus sarmentosa* var. *henryi*
	橙桑属	柘	*Maclura tricuspidata*
	桑属	桑	*Morus alba*
		鸡桑	*Morus australis*
荨麻科	苎麻属	苎麻	*Boehmeria nivea*
		悬铃叶苎麻	*Boehmeria tricuspis*
	楼梯草属	庐山楼梯草	*Elatostemas tewardii*
	蝎子草属	大蝎子草	*Girardinia diversifolia*
	糯米团属	糯米团	*Gonostegia hirta*

(续)

科名	属名	种名	学名
荨麻科	花点草属	花点草	*Nanocnide japonica*
		毛花点草	*Nanocnide lobata*
	冷水花属	长柄冷水花	*Pilea angulata* subsp. *petiolaris*
		透茎冷水花	*Pilea pumila*
		三角形冷水花	*Pilea swinglei*
胡桃科	山核桃属	山核桃	*Carya cathayensis*
	青钱柳属	青钱柳	*Cyclocarya paliurus*
	胡桃属	核桃楸	*Juglans mandshurica*
	化香树属	化香树	*Platycarya strobilacea*
	枫杨属	枫杨	*Pterocarya stenoptera*
壳斗科	栗属	锥栗	*Castanea henryi*
		栗	*Castanea mollissima*
		茅栗	*Castanea seguinii*
	锥属	苦槠	*Castanopsis sclerophylla*
	青冈属	青冈(青冈栎)	*Cyclobalanopsis glauca*
	柯属	港柯(东南石栎)	*Lithocarpus harlandii*
	栎属	麻栎	*Quercus acutissima*
		白栎	*Quercus fabri*
		枹栎	*Quercus serrata*
		栓皮栎	*Quercus variabilis*
桦木科	桤木属	桤木	*Alnus cremastogyne*
	鹅耳枥属	雷公鹅耳枥	*Carpinus viminea*
	榛属	川榛	*Corylus heterophylla* var. *sutchuanensis*
商陆科	商陆属	垂序商陆	*Phytolacca americana*
紫茉莉科	紫茉莉属	紫茉莉	*Mirabilis jalapa*
苋科	牛膝属	牛膝	*Achyranthes bidentata*
	莲子草属	喜旱莲子草	*Alternanthera philoxeroides*
石竹科	鹅肠菜属	鹅肠菜	*Myosoton aquaticum*
	繁缕属	繁缕	*Stellaria media*
		箐姑草	*Stellaria vestita*
蓼科	金线草属	金线草	*Antenoron filiforme*
	荞麦属	金荞麦	*Fagopyrum dibotrys*
	何首乌属	何首乌	*Fallopia multiflora*

(续)

科名	属名	种名	学名
蓼科	虎杖属	虎杖	*Reynoutria japonica*
	萹蓄属	水蓼	*Polygonum hydropiper*
		绵毛酸模叶蓼	*Polygonum lapathifolium* var. *salicifolium*
		扛板归	*Polygonum perfoliatum*
		丛枝蓼	*Polygonum posumbu*
	酸模属	酸模	*Rumex acetosa*
		羊蹄	*Rumex japonicus*
芍药科	芍药属	芍药	*Paeonia lactiflora*
		牡丹	*Paeonia suffruticosa*
山茶科	山茶属	油茶	*Camellia oleifera*
		茶	*Camellia sinensis*
	木荷属	木荷	*Schima superba*
	紫茎属	长柱紫茎	*Stewartia rostrata*
五列木科	柃属	格药柃	*Eurya muricata*
猕猴桃科	猕猴桃属	中华猕猴桃	*Actinidia chinensis*
金丝桃科	金丝桃属	地耳草	*Hypericum japonicum*
		元宝草	*Hypericum sampsonii*
锦葵科	田麻属	田麻	*Corchoropsis crenata*
	扁担杆属	扁担杆	*Grewia biloba*
	苘麻属	苘麻	*Abutilon theophrasti*
	木槿属	木槿	*Hibiscus syriacus*
旌节花科	旌节花属	中国旌节花	*Stachyurus chinensis*
堇菜科	堇菜属	南山堇菜	*Viola chaerophylloides*
		七星莲	*Viola diffusa*
		紫花堇菜	*Viola grypoceras*
		紫花地丁	*Viola philippica*
葫芦科	绞股蓝属	绞股蓝	*Gynostemma pentaphyllum*
	赤瓟属	南赤瓟	*Thladiantha nudiflora*
		台湾赤瓟	*Thladiantha punctata*
	栝楼属	栝楼	*Trichosanthes kirilowii*
杨柳科	山桐子属	山桐子	*Idesia polycarpa*
	杨属	响叶杨	*Populus adenopoda*
	柳属	银叶柳	*Salix chienii*

（续）

科名	属名	种名	学名
十字花科	荠属	荠	*Capsella bursa-pastoris*
	碎米荠属	碎米荠	*Cardamine hirsuta*
		弹裂碎米荠	*Cardamine impatiens*
		白花碎米荠	*Cardamine leucantha*
	独行菜属	臭独行菜	*Lepidium didymum*
	蔊菜属	蔊菜	*Rorippa indica*
杜鹃花科	杜鹃花属	满山红	*Rhododendron mariesii*
		羊踯躅	*Rhododendron molle*
		马银花	*Rhododendron ovatum*
		杜鹃	*Rhododendron simsii*
	越橘属	南烛	*Vaccinium bracteatum*
柿科	柿属	老鸦柿	*Diospyros rhombifolia*
安息香科	白辛树属	小叶白辛树	*Pterostyrax corymbosus*
	安息香属	垂珠花	*Styrax dasyanthus*
山矾科	山矾属	白檀	*Symplocos paniculata*
		山矾	*Symplocos sumuntia*
报春花科	紫金牛属	朱砂根	*Ardisia crenata*
		紫金牛	*Ardisia japonica*
	点地梅属	点地梅	*Androsace umbellata*
	珍珠菜属	狼尾花	*Lysimachia barystachys*
		泽珍珠菜	*Lysimachia candida*
		过路黄	*Lysimachia christiniae*
		长梗过路黄	*Lysimachia longipes*
海桐科	海桐属	海金子	*Pittosporum illicioides*
绣球科	溲疏属	宁波溲疏	*Deutzia ningpoensis*
	绣球属	中国绣球	*Hydrangea chinensis*
		圆锥绣球	*Hydrangea paniculata*
		粗枝绣球	*Hydrangea robusta*
	山梅花属	浙江山梅花	*Philadelphus zhejiangensis*
	钻地风属	钻地风	*Schizophragma integrifolium*
景天科	八宝属	紫花八宝	*Hylotelephium mingjinianum*
	费菜属	费菜	*Phedimus aizoon*

(续)

科名	属名	种名	学名
景天科	景天属	东南景天	Sedum alfredii
		凹叶景天	Sedum emarginatum
		垂盆草	Sedum sarmentosum
虎耳草科	落新妇属	落新妇	Astilbe chinensis
	金腰属	大叶金腰	Chrysosplenium macrophyllum
	虎耳草属	虎耳草	Saxifraga stolonifera
蔷薇科	龙牙草属	龙芽草	Agrimonia pilosa
	樱属	迎春樱桃	Cerasus discoidea
	山楂属	野山楂	Crataegus cuneata
	蛇莓属	蛇莓	Duchesnea indica
	路边青属	柔毛路边青	Geum japonicum var. chinense
	棣棠花属	棣棠花	Kerria japonica
	石楠属	石楠	Photinia serratifolia
	委陵菜属	蛇含委陵菜	Potentilla kleiniana
	梨属	秋子梨	Pyrus ussuriensis
	蔷薇属	月季花	Rosa chinensis
		小果蔷薇	Rosa cymosa
		软条七蔷薇	Rosa henryi
		金樱子	Rosa laevigata
		野蔷薇	Rosa multiflora
	悬钩子属	寒莓	Rubus buergeri
		掌叶覆盆子	Rubus chingii
		山莓	Rubus corchorifolius
		插田泡	Rubus coreanus
		蓬蘽	Rubus hirsutus
		高粱泡	Rubus lambertianus
		太平莓	Rubus pacificus
		茅莓	Rubus parvifolius
		盾叶莓	Rubus peltatus
		空心泡	Rubus rosifolius
		木莓	Rubus swinhoei
	地榆属	地榆	Sanguisorba officinalis
	绣线菊属	中华绣线菊	Spiraea chinensis
	小米空木属	华空木	Stephanandra chinensis

(续)

科名	属名	种名	学名
豆科	合欢属	山槐	*Albizia kalkora*
	云实属	云实	*Caesalpinia decapetala*
	黄芪属	紫云英	*Astragalus sinicus*
	黄檀属	黄檀	*Dalbergia hupeana*
	小槐花属	小槐花	*Ohwia caudata*
	长柄山蚂蝗属	羽叶长柄山蚂蝗	*Hylodesmum oldhamii*
		长柄山蚂蝗	*Hylodesmum podocarpum*
	木蓝属	庭藤	*Indigofera decora*
		河北木蓝	*Indigofera bungeana*
	胡枝子属	绿叶胡枝子	*Lespedeza buergeri*
		大叶胡枝子	*Lespedeza davidii*
		美丽胡枝子	*Lespedeza thunbergii* subsp. *formosa*
		铁马鞭	*Lespedeza pilosa*
	苜蓿属	天蓝苜蓿	*Medicago lupulina*
	草木犀属	草木犀	*Melilotus officinalis*
	葛属	葛麻姆	*Pueraria montana* var. *lobata*
	刺槐属	刺槐	*Robinia pseudoacacia*
	车轴草属	白车轴草	*Trifolium repens*
	野豌豆属	小巢菜	*Vicia hirsuta*
		牯岭野豌豆	*Vicia kulingana*
		救荒野豌豆	*Vicia sativa*
	紫藤属	紫藤	*Wisteria sinensis*
胡颓子科	胡颓子属	木半夏	*Elaeagnus multiflora*
		胡颓子	*Elaeagnus pungens*
瑞香科	瑞香属	倒卵叶瑞香	*Daphne grueningiana*
	荛花属	光叶荛花	*Wikstroemia glabra*
蓝果树科	喜树属	喜树	*Camptotheca acuminata*
	珙桐属	珙桐	*Davidia involucrata*
	蓝果树属	蓝果树	*Nyssa sinensis*
山茱萸科	八角枫属	八角枫	*Alangium chinense*
	山茱萸属	灯台树	*Cornus controversa*
		梾木	*Cornus macrophylla*
		山茱萸	*Cornus officinalis*

(续)

科名	属名	种名	学名
青荚叶科	青荚叶属	青荚叶	*Helwingia japonica*
青皮木科	青皮木属	青皮木	*Schoepfia jasminodora*
卫矛科	南蛇藤属	大芽南蛇藤	*Celastrus gemmatus*
	卫矛属	卫矛	*Euonymus alatus*
		肉花卫矛	*Euonymus carnosus*
		扶芳藤	*Euonymus fortunei*
		冬青卫矛	*Euonymus japonicus*
冬青科	冬青属	冬青	*Ilex chinensis*
		枸骨	*Ilex cornuta*
		大果冬青	*Ilex macrocarpa*
黄杨科	黄杨属	黄杨	*Buxus sinica*
叶下珠科	秋枫属	重阳木	*Bischofia polycarpa*
	算盘子属	算盘子	*Glochidion puberum*
	叶下珠属	青灰叶下珠	*Phyllanthus glaucus*
		叶下珠	*Phyllanthus urinaria*
大戟科	大戟属	甘肃大戟	*Euphorbia kansuensis*
		泽漆	*Euphorbia helioscopia*
		斑地锦	*Euphorbia maculata*
	野桐属	白背叶	*Mallotus apelta*
		野梧桐	*Mallotus japonicus*
		石岩枫	*Mallotus repandus*
	乌桕属	乌桕	*Triadica sebifera*
	油桐属	油桐	*Vernicia fordii*
鼠李科	勾儿茶属	多花勾儿茶	*Berchemia floribunda*
	枳椇属	枳椇	*Hovenia acerba*
	鼠李属	长叶冻绿	*Rhamnus crenata*
		圆叶鼠李	*Rhamnus globosa*
		冻绿	*Rhamnus utilis*
		山鼠李	*Rhamnus wilsonii*
	枣属	枣	*Ziziphus jujuba*
葡萄科	蛇葡萄属	牯岭蛇葡萄	*Ampelopsis glandulosa* var. *kulingensis*
	乌蔹莓属	白毛乌蔹莓	*Cayratia albifolia*
		乌蔹莓	*Cayratia japonica*

(续)

科名	属名	种名	学名
葡萄科	地锦属	绿叶地锦	*Parthenocissus laetevirens*
		地锦	*Parthenocissus tricuspidata*
	葡萄属	刺葡萄	*Vitis davidii*
省沽油科	野鸦椿属	野鸦椿	*Euscaphis japonica*
	省沽油属	省沽油	*Staphylea bumalda*
无患子科	栾属	复羽叶栾树	*Koelreuteria bipinnata*
	无患子属	无患子	*Sapindus saponaria*
	七叶树属	七叶树	*Aesculus chinensis*
	槭属	三角槭	*Acer buergerianum*
		青榨槭	*Acer davidii*
		苦条枫	*Acer tataricum* subsp. *theiferum*
		建始槭	*Acer henryi*
		庙台槭	*Acer miaotaiense*
		鸡爪槭	*Acer palmatum*
楝科	楝属	楝	*Melia azedarach*
	香椿属	香椿	*Toona sinensis*
漆树科	黄连木属	黄连木	*Pistacia chinensis*
	盐麸木属	盐肤木	*Rhus chinensis*
	漆树属	野漆	*Toxicodendron succedaneum*
苦木科	臭椿属	臭椿	*Ailanthus altissima*
芸香科	吴茱萸属	吴茱萸	*Tetradium ruticarpum*
	臭常山属	臭常山	*Orixa japonica*
	花椒树	竹叶花椒	*Zanthoxylum armatum*
酢浆草科	酢浆草属	酢浆草	*Oxalis corniculat*
牻牛儿苗科	老鹳草属	野老鹳草	*Geranium carolinianum*
五加科	楤木属	楤木	*Aralia elata*
	五加属	匍匐五加	*Eleutherococcus scandens*
	常春藤属	常春藤	*Hedera nepalensis* var. *sinensis*
伞形科	当归属	紫花前胡	*Angelica decursiva*
	鸭儿芹属	鸭儿芹	*Cryptotaenia japonica*
	天胡荽属	天胡荽	*Hydrocotyle sibthorpioides*
	香根芹属	香根芹	*Osmorhiza aristata*
	窃衣属	窃衣	*Torilis scabra*

(续)

科名	属名	种名	学名
龙胆科	双蝴蝶属	双蝴蝶	*Tripterospermum chinense*
夹竹桃科	络石属	络石	*Trachelospermum jasminoides*
萝藦科	鹅绒藤属	蔓剪草	*Cynanchum chekiangense*
萝藦科	萝藦属	萝藦	*Metaplexis japonica*
茄科	枸杞属	枸杞	*Lycium chinense*
茄科	茄属	白英	*Solanum lyratum*
茄科	茄属	龙葵	*Solanum nigrum*
茄科	龙珠属	龙珠	*Tubocapsicum anomalum*
旋花科	打碗花属	鼓子花	*Calystegia silvatica* subsp. *orientalis*
旋花科	菟丝子属	金灯藤	*Cuscuta japonica*
旋花科	飞蛾藤属	飞蛾藤	*Dinetus racemosus*
紫草科	斑种草属	柔弱斑种草	*Bothriospermum zeylanicum*
紫草科	厚壳树属	厚壳树	*Ehretia acuminata*
紫草科	紫草属	梓木草	*Lithospermum zollingeri*
紫草科	车前紫草属	浙赣车前紫草	*Sinojohnstonia chekiangensis*
紫草科	盾果草属	盾果草	*Thyrocarpus sampsonii*
紫草科	附地菜属	附地菜	*Trigonotis peduncularis*
唇形科	紫珠属	华紫珠	*Callicarpa cathayana*
唇形科	莸属	单花莸	*Caryopteris nepetifolia*
唇形科	大青属	大青	*Clerodendrum cyrtophyllum*
唇形科	大青属	海州常山	*Clerodendrum trichotomum*
唇形科	豆腐柴属	豆腐柴	*Premna microphylla*
唇形科	牡荆属	牡荆	*Vitex negundo* var. *cannabifolia*
唇形科	筋骨草属	金疮小草	*Ajuga decumbens*
唇形科	风轮菜属	细风轮菜	*Clinopodium gracile*
唇形科	绵穗苏属	绵穗苏	*Comanthosphace ningpoensis*
唇形科	活血丹属	活血丹	*Glechoma longituba*
唇形科	香茶菜属	显脉香茶菜	*Isodon nervosus*
唇形科	野芝麻属	宝盖草	*Lamium amplexicaule*
唇形科	野芝麻属	野芝麻	*Lamium barbatum*
唇形科	益母草属	益母草	*Leonurus japonicus*
唇形科	紫苏属	紫苏	*Perilla frutescens*
唇形科	夏枯草属	夏枯草	*Prunella vulgaris*

(续)

科名	属名	种名	学名
唇形科	鼠尾草属	南丹参	*Salvia bowleyana*
		华鼠尾草	*Salvia chinensis*
		舌瓣鼠尾草	*Salvia liguiloba*
	黄芩属	韩信草	*Scutellaria indica*
	水苏属	地蚕	*Stachys geobombycis*
马鞭草科	马鞭草属	马鞭草	*Verbena officinalis*
透骨草科	透骨草属	透骨草	*Phryma leptostachya* subsp. *asiatica*
车前科	车前属	车前	*Plantago asiatica*
	婆婆纳属	直立婆婆纳	*Veronica arvensis*
		蚊母草	*Veronica peregrina*
		阿拉伯婆婆纳	*Veronica persica*
		水苦荬	*Veronica undulata*
木犀科	雪柳属	雪柳	*Fontanesia phillyreoides* subsp. *fortunei*
	梣属	庐山梣	*Fraxinus sieboldiana*
	女贞属	女贞	*Ligustrum lucidum*
		小蜡	*Ligustrum sinense*
	木犀属	木犀	*Osmanthus fragrans*
泡桐科	泡桐属	白花泡桐	*Paulownia fortunei*
通泉草科	通泉草属	早落通泉草	*Mazus caducifer*
		匍茎通泉草	*Mazus miquelii*
		通泉草	*Mazus pumilus*
列当科	地黄属	天目地黄	*Rehmannia chingii*
玄参科	玄参属	玄参	*Scrophularia ningpoensis*
	醉鱼草属	醉鱼草	*Buddleja lindleyana*
苦苣苔科	半蒴苣苔属	降龙草	*Hemiboea subcapitata*
爵床科	观音草属	九头狮子草	*Peristrophe japonica*
	爵床属	爵床	*Justicia procumbens*
桔梗科	沙参属	华东杏叶沙参	*Adenophora petiolata* subsp. *huadungensis*
	党参属	羊乳	*Codonopsis lanceolata*
	半边莲属	半边莲	*Lobelia chinensis*
	袋果草属	袋果草	*Peracarpa carnosa*

(续)

科名	属名	种名	学名
茜草科	香果树属	香果树	*Emmenopterys henryi*
	拉拉藤属	四叶葎	*Galium bungei*
		六叶葎	*Galium hoffmeisteri*
		猪殃殃	*Galium spurium*
	蛇根草属	日本蛇根草	*Ophiorrhiza japonica*
	鸡矢藤属	鸡矢藤	*Paederia foetida*
	茜草属	东南茜草	*Rubia argyi*
	白马骨属	白马骨	*Serissa serissoides*
忍冬科	忍冬属	苦糖果	*Lonicera fragrantissima* var. *lancifolia*
		忍冬(金银花)	*Lonicera japonica*
		下江忍冬	*Lonicera modesta*
	锦带花属	半边月	*Weigela japonica* var. *sinica*
	败酱草属	败酱	*Patrinia scabiosifolia*
		攀倒甑	*Patrinia villosa*
	川续断属	日本续断	*Dipsacus japonicus*
五福花科	接骨木属	接骨草	*Sambucus javanica*
		接骨木	*Sambucus williamsii*
	荚蒾属	荚蒾	*Viburnum dilatatum*
		鸡树条	*Viburnum opulus* subsp. *calvescens*
		蝴蝶戏珠花	*Viburnum plicatum* f. *tomentosum*
		茶荚蒾	*Viburnum setigerum*
菊科	兔儿风属	杏香兔儿风	*Ainsliaea fragrans*
		阿里山兔儿风	*Ainsliaea macroclinidioides*
	豚草属	豚草	*Ambrosia artemisiifolia*
	牛蒡属	牛蒡	*Arctium lappa*
	蒿属	黄花蒿	*Artemisia annua*
		奇蒿	*Artemisia anomala*
		白苞蒿	*Artemisia lactiflora*
		矮蒿	*Artemisia lancea*
	紫菀属	马兰	*Aster indicus*
		三脉紫菀	*Aster trinervius* subsp. *ageratoides*
	鬼针草属	大狼杷草	*Bidens frondosa*
	天名精属	天名精	*Carpesium abrotanoides*
		烟管头草	*Carpesium cernuum*
	菊属	野菊	*Chrysanthemum indicum*

(续)

科名	属名	种名	学名
菊科	蓟属	蓟	*Cirsium japonicum*
		刺儿菜	*Cirsium arvense* var. *integrifolium*
	野茼蒿属	野茼蒿	*Crassocephalum crepidioides*
	假还阳参属	尖裂假还阳参	*Crepidiastrum sonchifolium*
	鳢肠属	鳢肠	*Eclipta prostrata*
	飞蓬属	一年蓬	*Erigeron annuus*
		香丝草	*Erigeron bonariensis*
		小蓬草	*Erigeron canadensis*
	泽兰属	多须公	*Eupatorium chinense*
	泥胡菜属	泥胡菜	*Hemisteptia lyrata*
	橐吾属	大头橐吾	*Ligularia japonica*
	假福王草属	假福王草	*Paraprenanthes sororia*
	蟹甲草属	天目山蟹甲草	*Parasenecio matsudae*
	拟鼠麴草属	拟鼠麴草	*Pseudognaphalium affine*
	千里光属	千里光	*Senecio scandens*
	蒲儿根属	蒲儿根	*Sinosenecio oldhamianus*
	苦苣菜属	苦苣菜	*Sonchus oleraceus*
	兔儿伞属	南方兔儿伞	*Syneilesis australis*
	蒲公英属	蒲公英	*Taraxacum mongolicum*
	苍耳属	苍耳	*Xanthium strumarium*
	黄鹌菜属	黄鹌菜	*Youngia japonica*
菖蒲科	菖蒲属	金钱蒲	*Acorus gramineus*
天南星科	天南星属	灯台莲	*Arisaema bockii*
		一把伞南星	*Arisaema erubescens*
		天南星	*Arisaema heterophyllum*
	半夏属	滴水珠	*Pinellia cordata*
		半夏	*Pinellia ternata*
鸭跖草科	鸭跖草属	饭包草	*Commelina benghalensis*
		鸭跖草	*Commelina communis*
	杜若属	杜若	*Pollia japonica*
灯心草科	灯心草属	野灯心草	*Juncus setchuensis*

（续）

科名	属名	种名	学名
莎草科	薹草属	垂穗薹草	*Carex brachyathera*
		舌叶薹草	*Carex ligulata*
		粉被薹草	*Carex pruinosa*
		书带薹草	*Carex rochebrunii*
	莎草属	碎米莎草	*Cyperus iria*
	飘拂草属	水虱草	*Fimbristylis littoralis*
	水蜈蚣属	短叶水蜈蚣	*Kyllinga brevifolia*
禾本科	看麦娘属	看麦娘	*Alopecurus aequalis*
	燕麦属	野燕麦	*Avena fatua*
	茵草属	茵草	*Beckmannia syzigachne*
	狗牙根属	狗牙根	*Cynodon dactylon*
	马唐属	升马唐	*Digitaria ciliaris*
	稗属	稗	*Echinochloa crusgalli*
	䅟属	牛筋草	*Eleusine indica*
	披碱草属	柯孟披碱草	*Elymus kamoji*
	白茅属	大白茅	*Imperata cylindrica* var. *major*
	箬竹属	阔叶箬竹	*Indocalamus latifolius*
	千金子属	千金子	*Leptochloa chinensis*
	淡竹叶属	淡竹叶	*Lophatherum gracile*
	芒属	五节芒	*Miscanthus floridulus*
	求米草属	求米草	*Oplismenus undulatifolius*
	雀稗属	双穗雀稗	*Paspalum distichum*
	狼尾草属	狼尾草	*Pennisetum alopecuroides*
	显子草属	显子草	*Phaenosperma globosa*
	刚竹属	毛竹	*Phyllostachys edulis*
		早竹	*Phyllostachys violascens*
	早熟禾属	白顶早熟禾	*Poa acroleuca*
	棒头草属	棒头草	*Polypogon fugax*
	狗尾草属	棕叶狗尾草	*Setaria palmifolia*
		金色狗尾草	*Setaria pumila*
		狗尾草	*Setaria viridis*
	鼠尾粟属	鼠尾粟	*Sporobolus fertilis*
	菰属	菰	*Zizania latifolia*

(续)

科名	属名	种名	学名
芭蕉科	芭蕉属	芭蕉	*Musa basjoo*
姜科	姜属	蘘荷	*Zingiber mioga*
天门冬科	天门冬属	天门冬	*Asparagus cochinchinensis*
	绵枣儿属	绵枣儿	*Barnardia japonica*
	玉簪属	紫萼	*Hosta ventricosa*
	山麦冬属	阔叶山麦冬	*Liriope muscari*
	黄精属	多花黄精	*Polygonatum cyrtonema*
		长梗黄精	*Polygonatum filipes*
		玉竹	*Polygonatum odoratum*
	吉祥草属	吉祥草	*Reineckea carnea*
百合科	大百合属	荞麦叶大百合	*Cardiocrinum cathayanum*
	百合属	野百合	*Lilium brownii*
	油点草属	油点草	*Tricyrtis macropoda*
秋水仙科	万寿竹属	少花万寿竹	*Disporum uniflorum*
阿福花科	萱草属	萱草	*Hemerocallis fulva*
藜芦科	藜芦属	华重楼	*Paris polyphylla* var. *chinensis*
		牯岭藜芦	*Veratrum schindleri*
鸢尾科	鸢尾属	蝴蝶花	*Iris japonica*
		粗壮小鸢尾	*Iris proantha* var. *valida*
百部科	金刚大属	黄精叶钩吻	*Croomia japonica*
	百部属	百部	*Stemona japonica*
菝葜科	菝葜属	土茯苓	*Smilax glabra*
		黑果菝葜	*Smilax glaucochina*
		牛尾菜	*Smilax riparia*
薯蓣科	薯蓣属	纤细薯蓣	*Dioscorea gracillima*
		日本薯蓣	*Dioscorea japonica*
兰科	白及属	白及	*Bletilla striata*
	虾脊兰属	钩距虾脊兰	*Calanthe graciliflora*
	头蕊兰属	银兰	*Cephalanthera erecta*
		金兰	*Cephalanthera falcata*
	杓兰属	扇脉杓兰	*Cypripedium japonicum*
	斑叶兰属	大花斑叶兰	*Goodyera biflora*
		斑叶兰	*Goodyera schlechtendaliana*
	羊耳蒜属	长唇羊耳蒜	*Liparis pauliana*
	绶草属	绶草	*Spiranthes sinensis*

注：与本文中的研究案例不同，附录中植物名录表按最新的 APG 植物分类系统进行分类。

附录五 常用景观格局指数汇总表

应用范围	指标名称	指标缩写	单位
面积指数	斑块类型面积 Class area	CA	hm^2
	斑块面积 Area	AREA	hm^2
	斑块所占景观面积比例 Percent of landscape	PLAND	%
	板块相似系数 Landscape similarity index	LSIM	%
	最大斑块指数 Largest patch index	LPI	%
	景观面积 Total landscape area	TA	hm^2
密度大小及差异	斑块数量 Number of patches	NP	个
	斑块密度 Patch density	PD	个·100 hm^{-2}
	斑块平均大小 Mean patch size	MPS	hm^2
	斑块面积方差 Patch size standard deviation	PSSD	hm^2
	斑块面积均方差 Patch size coefficient of variation	PSCV	%
边缘指标	总边缘长度 Total edge	TE	m
	边缘对比度 Edge contrast index	EDCON	%
	边缘密度 Edge density	ED	m·hm^{-2}
	对比度加权边缘密度 Contrast-weighted edge density	CWED	m·hm^{-2}
	总边缘对比度 Total edge contrast index	TECI	%
	平均边缘对比度 Mean edge contrast index	MECI	%
	面积加权平均边缘对比度 Area-weighted mean edge contrast index	AWMECI	%
形状指标	斑块周长 Perimeter	PERIM	m
	形状指标 Shape index	SHAPE	—
	景观形状指标 Landscape shape index	LSI	—
	平均形状 Mean shape index	MSI	—
	面积加权的平均形状指标 Area-weighted mean shape index	AWMSI	—
	分形维数 Fractal dimension	FRACT	—
	双对数分形维数 Double log fractal dimension	DLFD	—
	平均斑块分形维数 Mean patch fractal dimension	MPFD	—
	面积加权的平均斑块分形指标 Area-weighted mean patch fractal dimension	AWMPFD	—

（续）

应用范围	指标名称	指标缩写	单位
核心面积指标	核心斑块面积 Core area	CORE	hm^2
	核心斑块数量 Number of core areas	NCA	个
	核心板块面积比指标 Core area index	CAI	%
	核心斑块占景观面积比 Core area percent of landscape	CPLAND	%
	核心板块总面积 Total core area	TCA	hm^2
	核心斑块密度 Core area density	CAD	n·100 hm^{-2}
	平均核心斑块面积 Mean core area per patch	MCA1	hm^2
	核心斑块面积方差 Patch core area standard deviation	CASD1	hm^2
	核心斑块面积均方差 Patch core area coefficient of variation	CACV1	%
	独立核心斑块平均面积 Mean area per disjunction core	MCA2	hm^2
	核心斑块面积方差 Disjunction core area coefficient of variation	CASD2	%
	总核心斑块指标 Total core area index	TCAI	%
	平均核心斑块指标 Mean core area index	MCAI	%
邻近度指标	最邻近距离 Nearest-neighbor distance	NEAR	—
	邻近指标 Proximity index	PROXIM	—
	平均最近距离 Mean nearest-neighbor distance	MNN	m
	最近邻近距离方差 Nearest-neighbor standard deviation	MNSD	m
	最近邻近距离标准差 Nearest-neighbor coefficient of variation	NNCV	—
	平均邻近度指标 Mean proximity index	MPI	%
多样性指标	香农多样性指标 Shannon's diversity index	SHDI	—
	Simpson 多样性指标 Simpson's diversity index	SIDI	—
	修正 Simposon 多样性指标 Modified Simposon's diversity index	MSIDI	—
	斑块多度(景观丰度)Patch richness	PR	—
	斑块多度密度 Patch richness density	PRD	n·100 hm^{-2}
	相对斑块多度 Relative patch richness	RPR	%
	香农均匀度指标 Shannon's evenness index	SHEI	—
	修正香农均匀度指标 Modified Shannon's evenness index	MSHEI	—
聚散性指标	蔓延度指标 Contagion index	CONTAG	%
	散布与并列指标 Interspersion and Juxtaposition index	IJJ	%

附录六 《天目山大学生野外实践教育基地》联盟章程

第一章 总则

第一条 《天目山大学生野外实践教育基地》联盟(以下简称"联盟"),英文名称为 Tianmu Alliance of Field Teaching Bases(缩写为 TAB)。

第二条 本联盟依托天目山国家级大学生校外实践教育基地和教育部、国家基金委华东高校野外实习基地,由浙江天目山国家级自然保护区管理局牵头,浙江农林大学、浙江大学、南京大学、复旦大学、华东师范大学共同发起。

第三条 本联盟致力于为联盟成员提供合作交流平台,建立完善的野外实践教育基地人才培养体系,服务高校创新创业人才培养,打造教育部"六卓越一拔尖"计划2.0一流基地。

第四条 本联盟遵守宪法、法律、法规和国家政策,遵守社会道德风尚。以"共创平台、共享资源、共同超越"为宗旨,依照"自愿、公平、主体独立"原则开展工作。

第二章 工作内容

第五条 本联盟的工作内容:

(一)本联盟主旨为实现天目山实践教育资源优化管理,共建共享;一切实践活动受浙江天目山国家级自然保护区管理局管理,接受教育部相关教学指导委员会指导。

(二)围绕生物多样性保护实践教育为需求的大专院校,辐射至中小学生命科学类科普教育为对象的集实习、科普、创新教育为一体的实践教育平台。

(三)打造高校实践教学资源平台,实现优质野外实践教学资源共享。引导联盟成员将互联网、大数据、虚拟仿真和人工智能等国家扶植的新技术与大学生野外实践相结合,推动联盟成员加强专业实验室、虚拟仿真实验室、创客空间、创新俱乐部和实训中心等实践教学平台的建设工作。

(四)推进大学生实践教育计划的有序实施,打造多课程综合、多学科融合、多专业应用的实践课程群。实现集教学实习、创新教育、社会实践、毕业(生产)实习、科学研究等功能于一体的共建体系。

(五)组织联盟成员单位开展实践经验交流、课题研究、科创竞赛和成果展示等各类活动,促进相互沟通与合作、推动与其他国家(地区)高校之间的交流、进一步提高实践教育基地建设水平。

第三章 组织运行

第六条 联盟组织机构及职责:

(一)联盟大会。联盟实行单位成员制,确定联盟的方针和任务;审议通过或修改联盟章程;选举产生联盟各级理事单位;讨论审议联盟理事会年度工作报告,对联盟执行章程情况进行监督。

(二)联盟理事会。联盟理事会为本联盟最高权力机构,联盟理事会由联盟大会选举产生;理事长单位和理事单位由全体联盟单位组成,定期召开理事长会议及理事会会议,决议须经到会理事 2/3 以上同意方能通过。理事会主要职责：制定联盟章程；研讨联盟发展规划和工作计划；审批新成员的加入，终止成员资格；领导联盟秘书处开展活动；决定联盟的其他重大事项。

（三）联盟轮值理事长。轮值理事长由理事长单位推荐产生，每五年一届，主要职责是召集理事长会议或理事会会议，签署联盟有关重要文件等并管理理事会日常工作。

（四）联盟秘书处。联盟秘书处设在浙江农林大学，是理事会的常设办事机构，接受理事会领导，负责协调各联盟成员单位开展工作，管理联盟日常事务、承担教学资源共享平台管理工作。秘书处设秘书长一名、副秘书长若干名，并由浙江天目山国家级自然保护区管理局选派一名副秘书长担任协调工作。秘书长和副秘书长分别由浙江农林大学和浙江大学推荐，理事会批准。秘书处工作人员由秘书长聘任。

第七条 联盟运行机制。由理事会统一组织，按照联席会议制度决定重要事宜，以野外实践教育基地建设为载体，实行资源共享，成果共享，优势互补，风险共担，并以多样化与多层次的合作形式明确必要的责、权、利。

第四章 联盟成员

第八条 联盟成员为具备独立法人资格的高校和相关单位，法律地位平等，享受联盟成员权利，承担联盟成员义务，所有联盟成员实行预约实习制度。

第九条 联盟秘书处负责收集联盟成员单位实践教学时间、内容等相关需求，并与理事长单位根据需求完善网络预约平台，建设"菜单式"实践项目，完善实践基地基础建设、规划最佳实践路线及制作实践导航手册，为联盟成员单位顺利完成各类实践活动提供服务保障。

第十条 联盟成员各类实践活动需通过网络预约，经联盟秘书处汇总整理，由浙江天目山国家级自然保护区管理局审批，方可开展相关实践活动，并享受天目山自然保护区门票优惠政策。

第十一条 加入联盟的程序。拟加入联盟的单位提交申请书，由秘书处审核，理事会审议批准。

第十二条 联盟成员的退出：

（一）自动退出。两年内不履行联盟成员义务或不参加联盟活动的成员单位，经秘书处核实，理事会讨论后，视为自动退出；

（二）责令退出。违反联盟规定，情节严重者，经理事会决定，责令退出。

第十三条 联盟成员的权利：

（一）参加理事大会，参与理事长会议，讨论和决定联盟发展的重大事项；

（二）共享联盟各类创新创业教育实践资源；

（三）参加联盟组织的研讨会、经验交流、课题、竞赛、培训等各类活动；

（四）通过审批可享受天目山国家级自然保护区门票、食宿等相关优惠政策；

（五）预约使用天目山科技馆和实践基地综合实验楼；

（六）自愿退出联盟；

（七）享有联盟规定的其他权利。

第十四条 联盟成员的义务：

(一)遵守国家法律和联盟章程，维护联盟声誉和利益，执行联盟决议；

(二)积极向联盟提出发展规划和建议，推荐新成员单位加入；

(三)主动整合并向联盟共享本单位优质实践教学资源；

(四)积极承担联盟委托的各项工作。

第五章 联盟的解散和清算

第十五条 联盟因终止、解散或分立、合并等原因需要解体时，由理事会提出提案、表决、同意生效。

第六章 附 则

第十六条 本章程的修订由秘书处提出，经理事会讨论通过后生效。

第十七条 本章程由《天目山大学生野外实践教育基地》联盟负责解释。

联盟成员申请表

填表时间：　　　年　　月　　日

单位名称	
单位性质	□高等院校　□科研院所　□事业单位　□企业单位
通讯地址	邮编
联系电话	传真
单位负责人	联系人　　　　　　　　电话
入联盟意愿	本单位自愿申请加入《天目山大学生野外实践教育基地》联盟，遵守相关法律，承认联盟《章程》，积极参加联盟各项活动，按时交纳联盟年费。 　　申请单位　　　　　　负责人/联系人 　　（盖章）　　　　　　（签字）： 　　　　　　　　　　　　　　　　　　　　　年　月　日
联盟成员权利	1. 法律地位平等； 2. 参加理事大会，具选举权、被选举权和表决权； 3. 共享联盟各类创新创业教育实践资源； 4. 参加联盟组织的各类活动； 5. 享受天目山自然保护区门票、食宿等相关优惠政策； 6. 入联盟自愿，退联盟自由。 联盟理事长(签章)　　　　　　　　　　　年　月　日
联盟秘书处审核意见	签字(盖章)　　　　　　　　　　　　　　年　月　日
联盟理事会意见	理事长签字(盖章)　　　　　　　　　　　年　月　日